宁波茶通典

宁波茶文化促进会　组编

茶书典

杨燚锋　竺济法　编著

中国农业出版社
北京

宁波茶通典

丛书编委会

主编

姚国坤　研究员，1937年10月生，浙江余姚人，曾任中国农业科学院茶叶研究所科技开发处处长、浙江树人大学应用茶文化专业负责人、浙江农林大学茶文化学院副院长。现为中国国际茶文化研究会学术委员会副主任、中国茶叶博物馆专家委员会委员、世界茶文化学术研究会（日本注册）副会长、国际名茶协会（美国注册）专家委员会委员。曾分赴亚非多个国家构建茶文化生产体系，多次赴美国、日本、韩国、马来西亚、新加坡等国家和香港、澳门等地区进行茶及茶文化专题讲座。公开发表学术论文265篇；出版茶及茶文化著作110余部；获得国家和省部级科技进步奖4项，被家乡余姚市人大常委会授予"爱乡楷模"称号，是享受国务院政府特殊津贴专家，也是茶界特别贡献奖、终身成就奖获得者。

总序

踔厉经年，由宁波茶文化促进会编纂的《宁波茶通典》（以下简称《通典》）即将付梓，这是宁波市茶文化、茶产业、茶科技发展史上的一件大事，谨借典籍一角，是以为贺。

聚山海之灵气，纳江河之精华，宁波物宝天华，地产丰富。先贤早就留下"四明八百里，物色甲东南"的著名诗句。而茶叶则是四明大地物产中的奇葩。

"参天之木，必有其根。怀山之水，必有其源。"据史料记载，早在公元473年，宁波茶叶就借助海运优势走出国门，香飘四海。宁波茶叶之所以能名扬国内外，其根源离不开丰富的茶文化滋养。多年以来，宁波茶文化体系建设尚在不断提升之中，只一些零星散章见之于资料报端，难以形成气候。而《通典》则为宁波的茶产业补齐了板块。

《通典》是宁波市有史以来第一部以茶文化、茶产业、茶科技为内涵的茶事典籍，是一部全面叙述宁波茶历史的扛鼎之作，也是一次宁波茶产业寻根溯源、指向未来的精神之旅，它让广大读者更多地了解宁波茶产业的地位与价值；同时，也为弘扬宁波茶文化、促进茶产业、提升茶经济和对接"一带一路"提供了重要平台，对宁波茶业的创新与发展具有深远的理论价值和现实指导意义。这部著作深耕的是宁波茶事，叙述的却是中国乃至世界茶文化不可或缺的故事，更是中国与世界文化交流的纽带，事关中华优秀传统文化的传承与发展。

宁波具有得天独厚的自然条件和地理位置，举足轻重的历史文化和人文景观，确立了宁波在中国茶文化史上独特的地位和作用，尤其是在"海上丝绸之路"发展进程中，不但在古代有重大突破、重大发现、重大进展；而且在现当代中国茶文化史上，宁波更是一块不可多得的历史文化宝地，有着举足轻重的历史地位。在这部《通典》中，作者从历史的视角，用翔实而丰富的资料，上下千百年，纵横万千里，对宁波茶产业和茶文化进行了全面剖析，包括纵向断代剖析，对茶的产生原因、发展途径进行了回顾与总结；再从横向视野，指出宁波茶在历史上所处的地位和作用。这部著作通说有新解，叙事有分析，未来有指向；且文笔流畅，叙事条分缕析，论证严谨有据，内容超越时空，集茶及茶文化之大观，可谓是一本融知识性、思辨性和功能性相结合的呕心之作。

这部《通典》，诠释了上下数千年的宁波茶产业发展密码，引领你品味宁波茶文化的经典历程，倾听高山流水的茶韵，感悟天地之合的茶魂，是一部连接历史与现代，继往再开来的大作。翻阅这部著作，仿佛让我们感知到"好雨知时节，当春乃发生，随风潜入夜，润物细无声"的情景与境界。

宁波茶文化促进会成立于2003年8月，自成立以来，以繁荣茶文化、发展茶产业、促进茶经济为己任，做了许多开创性工作。2004年，由中国国际茶文化研究会、中国茶叶学会、中国茶叶流通协会、浙江省农业厅、宁波市人民政府共同举办，宁波茶文化促进会等单位组织承办的"首届中国（宁波）国际茶文化节"在宁波举行。至2020年，由宁波茶文化促进会担纲组织承办的"中国（宁波）国际茶文化节"已成功举办了九届，内容丰富多彩，有全国茶叶博览、茶学论坛、名优茶评比、宁波茶艺大赛、茶文化"五进"（进社区、进学校、进机关、进企业、进家庭）、禅茶文化展示等。如今，中国（宁波）国际茶文化节已列入宁波市人民政府的"三大节"之一，在全国茶及茶文化界产生了较大影响。2007年举办了第四届中国（宁波）国际茶文化节，在众多中外茶文化人士的助推下，成立了"东亚茶文化研究中心"。它以东亚各国茶人为主体，着力打造东亚茶文化学术研究和文化交流的平台，使宁波茶及茶文化在海内外的影响力和美誉度上了一个新的台阶。

宁波茶文化促进会既仰望天空又深耕大地，不但在促进和提升茶产业、茶文化、茶经济等方面做了许多有益工作，并取得了丰硕成果；积累了大量资料，并开展了很多学术研究。由宁波茶文化促进会公开出版的刊物《海上茶路》（原为《茶韵》）杂志，至今已连续出版60期；与此同时，还先后组织编写出版《宁波：海上茶路启航地》《科学饮茶益身心》《"茶庄园""茶旅游"暨宁波茶史茶事研讨会文集》《中华茶文化少儿读本》《新时代宁波茶文化传承与创新》《茶经印谱》《中国名茶印谱》《宁波八大名茶》等专著30余部，为进一步探究宁波茶及茶文化发展之路做了大量的铺垫工作。

宁波茶文化促进会成立至今已20年，经历了"昨夜西风凋碧树，独上高楼，望尽天涯路"的迷惘探索，经过了"衣带渐宽终不悔，为伊消得人憔悴"的拼搏奋斗，如今到了"蓦然回首，那人却在灯火阑珊处"的收获季节。编著出版《通典》既是对拼搏奋进的礼赞，也是对历史的负责，更是对未来的昭示。

遵宁波茶文化促进会托嘱，以上是为序。

宁波市人民政府副市长　杨勇

2022年11月21日于宁波

目录

总序

一、古代篇

二、当代篇

一、古代篇

（一）屠隆《茶说》

屠隆（1543—1605），字长卿，又字纬真，号赤水，别号由拳山人、一衲道人、蓬莱仙客，晚号鸿苞居士。鄞县（今浙江宁波）人。晚明著名文学家、戏曲家。万历五年（1577）中进士，历官颍上、青浦知县，礼部主事。为官清正，关心民瘼。万历十二年（1584）蒙受诬陷，削籍罢官。此后，遨游吴越间，说空谈玄，怅悴而卒。为人豪放好客，所结交者多海内名士。与王世贞、汪道昆等文学复古派领袖往来密切，王世贞列其为"末五子"之一，又与汤显祖、袁宏道等文学革新健将惺惺相惜。屠隆才华横溢，下笔千言立就。时人与后人以李白拟之，他也自命为李白的"异时同调"。《明史》载其"诗文率不经意，一挥数纸。尝戏命两人对案，拈二题，各赋百韵，咄嗟之间，二章并就。又与人对弈，口诵诗文，命人书之，书不逮诵也"。屠隆一生诗文、戏曲、书画造诣皆深，尤精戏曲，有多种剧本、著述传世，代表作有艺术随笔《考槃余事》《娑罗馆清言》及传奇《昙花记》《修文记》《彩毫记》等。搜集刊刻过《唐诗品汇》九十卷，《天中记》六十卷，《董解元西厢记》二卷等各类著作十多种二百余卷。茶学方面有作品《茶说》传世，另有作于万历甲午年（1594）秋七月的《龙井茶歌》，淋漓尽致地抒发了对龙井泉水与龙井茶的热爱，为历代龙井茶诗最长。2004年在杭州龙井寺旧址附近发掘出明代《龙井茶歌》古碑，书风洒脱，点画精妙，诗书双美，茶香书香融为一体，成为探访龙井和龙井茶历史文脉的珍贵文物。

《茶说》，一作《茶笺》，原为屠隆《考槃余事》之一章，主要记述茶之品类、采制、收藏、择水及烹茶等诸多方面的内容。万国鼎《茶书总目提要》将该篇撰写的时间推定为万历十八年（1590）前后。万历四十一年（1613），喻政编印《茶书全集》（乙本），从《考槃余事》中抽选相关内容，别择成书曰《茶说》。后来《考槃余事》几经整理，内容编排已非原貌，因此，与喻政所选辑的《茶说》内容亦有参差。《茶说》全文约2 800字，文中对品茶环境的要求，对明代名茶品质的审评，对采茶、制茶、藏茶的细节关注与评论，对茶器的选择讲究，无不体现了作者在茶学方面的学术造诣和艺术修养，也从一个侧面反映了明代茶学茶艺的历史文化风貌，兼具学术与文献价值。

平時密鎖以杜不虞

佛堂

內供烏孫藏佛以龕修甚厚慈容端整結束得真印結趺跏妙相具足者案頭以舊磁淨瓶獻花淨碗酌水晝葵印香夜燃石燈其鐘磬椅榻之額次第鋪列人能供禮亦增舍念

茶寮

考槃餘事卷四　三

茶役以供長日清談寒宵兀坐幽人首務不可少廢者

橋一斗室相傍書齋內設茶具教一童子專主

茶品

與茶經稍異全烹製之法亦與蔡陸諸前人不同矣

虎丘

寂號精絕為天下冠惜不多產皆為豪右所據

蔡廟　一大小藥刀一葫蘆瓶罐當多蓄以儁用

陳眉公考槃餘事　卷四

《考槃余事·茶说》书影（宁波图书馆陈英浩　提供）

茶寮

构一斗室，相傍书斋。内设茶具，教一童子专主茶役，以供长日清谈。寒宵兀坐，幽人首务，不可少废者。

茶品

与《茶经》稍异，今烹制之法，亦与蔡、陆诸前人不同矣。

虎丘

最号精绝，为天下冠。惜不多产，皆为豪右所据。寂寞山家，无由获购矣。

天池

青翠芳馨，啜之赏心，嗅亦消渴，诚可称仙品。诸山之茶，尤当退舍。

阳羡

俗名罗岕，浙之长兴者佳，荆溪稍下。细者，其价两倍天池，惜乎难得，须亲自采收方妙。

六安

品亦精，入药最效。但不善炒，不能发香而味苦。茶之本性实佳。

龙井

不过十数亩，外此有茶，似皆不及。大抵天开龙泓美泉，山灵特生佳茗以副之耳。山中仅有一二家炒法甚精；近有山僧焙者亦妙。真者，天池不能及也。

天目

为天池、龙井之次，亦佳品也。地志云：山中寒气早严，山僧至九月即不敢出。冬来多雪，三月后方通行。茶之萌芽较晚。

采茶

不必太细，细则芽初萌而味欠足；不必太青，青则茶以老而味欠嫩。须在谷雨前后，觅成梗带叶微绿色而团且厚者为上。更须天色晴明，采之方妙。若闽广岭南，多瘴疠之气，必待日出山霁，雾障岚气收净，采之可也。谷雨日晴明采者，能治痰嗽、疗百疾。

日晒茶

茶有宜以日晒者，青翠香洁，胜以火炒。

焙茶

茶采时，先自带锅灶入山，别租一室；择茶工之尤良者，倍其雇值。戒其搓摩，勿使生硬，勿令过焦，细细炒燥，扇冷方贮罂中。

藏茶

茶宜箬叶而畏香药，喜温燥而忌冷湿。故收藏之家，先于清明时收买箬叶，拣其最青者，预焙极燥，以竹丝编之。每四片编为一块听用。又买宜兴新坚大罂，可容茶十斤以上者，洗净焙干听用。山中焙茶回，复焙一番。去其茶子、老叶、枯焦者及梗屑，以大盆埋伏生炭，覆以灶中，敲细赤火，既不生烟，又不易过，置茶焙下焙之。约以二斤作一焙，别用炭火入大炉内，将罂悬其架上，至燥极而止。以编箬衬于罂底，茶燥者，扇冷方先入罂。茶之燥，以拈起即成末为验。随焙随入。既满，又以箬叶覆于罂上。每茶一斤，约用箬二两。口用尺八纸焙燥封固，约六七层，捆以寸厚白木板一块，亦取焙燥者。然后于向明净室高阁之。用时以新燥宜兴小瓶取出，约可受四五两，随即包整。夏至后三日，再焙一次；秋分后三日，又焙一次。一阳后三日，又焙之。连山中共五焙，直至交新，色味如一。罂中用浅，更以燥箬叶贮满之，则久而不潪。

又法

以中坛盛茶，十斤一瓶，每瓶烧稻草灰入于大桶，将茶瓶座桶中。以灰四面填桶，瓶上覆灰筑实。每用，拨开瓶，取茶些少，仍复覆灰，再无蒸坏。次年换灰。

又法

空楼中悬架，将茶瓶口朝下放不蒸。缘蒸气自天而下也。

诸花茶

莲花茶，于日未出时，将半含莲花拨开，放细茶一撮纳满蕊中，以麻皮略絷，令其经宿。次早摘花，倾出茶叶，用建纸包茶焙干。再如前法，又将茶叶入别蕊中，如此数次，取其焙干收用，不胜香美。

橙茶，将橙皮切作细丝一斤，以好茶五斤焙干，入橙丝间和，用密麻布衬垫火箱，置茶于上，烘热；净绵被罨之三两时，随用建连纸袋封裹，仍以被罨烘干收用。

木樨、玫瑰、蔷薇、兰蕙、橘花、栀子、木香、梅花，皆可作茶。诸花开时，摘其半含半放、蕊之香气全者，量其茶叶多少，摘花为拌。花多则太香而脱茶韵；花少则不香而不尽美。三停茶叶一停花始称。假如木樨花，须去其枝蒂及尘垢、虫蚁，用瓷罐，一层茶、一层花投入至满，纸箬絷固，入锅重汤煮之。取出待冷，用纸封裹，置火上焙干收用，则花香满颊，茶味不减。诸花仿此，已上俱平等细茶拌之可也。茗花入茶，本色香味尤嘉。

茉莉花，以熟水半杯放冷，铺竹纸一层，上穿数孔。晚时采初开茉莉花，缀于孔内，上用纸封，不令泄气。明晨取花簪之水，香可点茶。

择水

天泉　秋水为上，梅水次之。秋水白而冽，梅水白而甘。甘则茶味稍夺，冽则茶味独全，故秋水较差胜之。春冬二水，春胜于冬，皆以和风甘雨，得天地之正施者为妙。惟夏月暴雨不宜，或因风雷所致，实天之流怒也。　龙行之水，暴而淫者，旱而冻者，腥而墨者，皆不可食。雪为五谷之精，取以煎茶，幽人清贶。

地泉　取乳泉漫流者，如梁溪之惠山泉为最胜。　取清寒者，泉不难于清，而难于寒。石少土多，沙腻泥凝者，必不清寒；且瀬峻流驶而清，岩粤阴积而寒者，亦非佳品。　取香甘者，泉惟香甘，故能养人。然甘易而香难，未有香而不甘者。　取石流者，泉非石出者，必不佳。　取山脉逶迤者，山不停处，水必不停。若停，即无源者矣。

旱必易涸，往往有伏流沙土中者，挹之不竭，即可食。不然，则渗潴之潦耳，虽清勿食。　有瀑涌湍急者勿食，食久令人有头疾。如庐山水帘，洪州、天台瀑布，诚山居之珠箔锦幕。以供耳目则可，入水品则不宜矣。　有温泉，下生硫黄故然。有同出一壑，半温半冷者，皆非食品。　有流远者，远则味薄；取深潭停蓄，其味乃复。　有不流者，食之有害。《博物志》曰："山居之民，多瘿肿；由于饮泉之不流者。"泉上有恶木，则叶滋根润，能损甘香，甚者能酿毒液，尤宜去之。如南阳菊潭，损益可验。

江水

取去人远者，杨子南泠夹石淳渊，特入首品。

长流

亦有通泉窦者，必须汲贮，候其澄澈，可食。

井水

脉暗而性滞，味咸而色浊，有妨茗气。试煎茶一瓯，隔宿视之，则结浮腻一层，他水则无，此其明验矣。虽然汲多者可食，终非佳品。或平地偶穿一井，适通泉穴，味甘而淡，大旱不涸，与山泉无异，非可以井水例观也。若海滨之井，必无佳泉，盖潮汐近，地斥卤故也。

灵水

上天自降之泽，如上池天酒、甜雪香雨之类，世或希觏，人亦罕识，乃仙饮也。

丹泉

名山大川，仙翁修炼之处，水中有丹，其味异常，能延年却病，尤不易得。凡不净之器，切不可汲。如新安黄山东峰下，有朱砂泉，可点茗，春色微红，此自然之丹液也。临沅廖氏家世寿，后掘井左右，得丹砂数十斛。西湖葛洪井，中有石瓮，淘出丹数枚，如芡实，啖之无味，弃之；有施渔翁者，拾一粒食之，寿一百六岁。

养水

取白石子入瓮中，能养其味，亦可澄水不淆。

洗茶

凡烹茶，先以熟汤洗茶，去其尘垢冷气，烹之则美。

候汤

凡茶，须缓火炙，活火煎。活火，谓炭火之有焰者。以其去余薪之烟，杂秽之气，且使汤无妄沸，庶可养茶。始如鱼目微有声，为一沸；缘边涌泉连珠，为二沸；奔涛溅沫，为三沸。三沸之法，非活火不成。如坡翁云"蟹眼已过鱼眼生，飕飕欲作松风声"尽之矣。若薪火方交，水釜才炽，急取旋倾，水气未消，谓之懒。若人过百息，水逾十沸，或以话阻事废，始取用之，汤已失性，谓之老。老与懒，皆非也。

注汤

茶已就膏，宜以造化成其形。若手颤臂𣀣，惟恐其深。瓶嘴之端，若存若亡，汤不顺通，则茶不匀粹，是谓缓注。一瓯之茗，不过二钱。茗盏量合宜，下汤不过六分。万一快泻而深积之，则茶少汤多，是谓急注。缓与急，皆非中汤。欲汤之中，臂任其责。

择器

凡瓶，要小者，易候汤；又点茶、注汤有应。若瓶大，啜存停久，味过则不佳矣。所以策功建汤业者，金银为优；贫贱者不能人具，则瓷石有足取焉。瓷瓶不夺茶气，幽人逸士，品色尤宜。石凝结天地秀气而赋形，琢以为器，秀犹在焉。其汤不良，未之有也。然勿与夸珍炫豪臭公子道。铜、铁、铅、锡，腥苦且涩；无油瓦瓶，渗水而有土气，用以炼水，饮之逾时，恶气缠口而不得去。亦不必与猥人俗辈言也。

宜庙时有茶盏，料精式雅，质厚难冷，莹白如玉，可试茶色，最为要用。蔡君谟取建盏，其色绀黑，似不宜用。

涤器

茶瓶、茶盏、茶匙生铑，致损茶味，必须先时洗洁则美。

熁盏

凡点茶，必须熁盏，令热则茶面聚乳；冷则茶色不浮。

择薪

凡木可以煮汤，不独炭也；惟调茶在汤之淑慝。而汤最恶烟，非炭不可。若暴炭膏薪，浓烟蔽室，实为茶魔。或柴中之麸火，焚余之虚炭，风干之竹筱树梢，燃鼎附瓶，颇甚快意，然体性浮薄，无中和之气，亦非汤友。

择果

茶有真香，有佳味，有正色，烹点之际，不宜以珍果、香草夺之。夺其香者，松子、柑、橙、木香、梅花、茉莉、蔷薇、木樨之类是也。夺其味者，番桃、杨梅之类是也。凡饮佳茶，去果方觉清绝，杂之则无辨矣。若必曰所宜，核桃、榛子、杏仁、榄仁、菱米、栗子、鸡豆、银杏、新笋、莲肉之类精制或可用也。

茶效

人饮真茶，能止渴、消食、除痰、少睡，利水道，明目、益思唐·陈藏器《本草拾遗》，除烦去腻。人固不可一日无茶，然或有忌而不饮，每食已，辄以浓茶漱口，烦腻既去而脾胃清适。凡肉之在齿间者，得茶漱涤之，乃尽消缩，不觉脱去，不烦刺挑也。而齿性便苦，缘此渐坚密，蠹毒自已矣。然率用中下茶。宋·苏轼《仇池笔记》

人品

茶之为饮，最宜精行修德之人，兼以白石清泉，烹煮如法，不时废而或兴，能熟习而深味，神融心醉，觉与醍醐、甘露抗衡，斯善赏鉴者矣。使佳茗而饮非其人，犹汲泉以灌蒿莱，罪莫大焉。有其人而未识其趣，一吸而尽，不暇辨味，俗莫甚焉。司马温公与苏子瞻嗜茶墨，公云：茶与墨正相反，茶欲白，墨欲黑；茶欲重，墨欲轻；茶欲新，墨欲陈。苏曰：奇茶妙墨俱香，公以为然。

唐毋煚，博学，有著述才，性恶茶，因以诋之。其略曰："释滞销壅，一日之利暂佳，瘠气侵精，终身之累斯大。获益则归功茶力，贻

患则不为茶灾，岂非福近易知，祸远难见。"唐·刘肃《大唐新语》

李德裕奢侈过求，在中书时，不饮京城水，悉用惠山泉，时谓之水递。清致可嘉，有损盛德。唐·丁用晦《芝田录》传称陆鸿渐阖门著书，诵诗击木，性甘茗莽，味辨淄渑，清风雅趣，脍炙古今，鬻茶者至陶其形，置炀突间，祀为茶神，可谓尊崇之极矣。尝考《蛮瓯志》云：陆羽采越江茶，使小奴子看焙，奴失睡，茶焦烁不可食，羽怒，以铁索缚奴而投火中，残忍若此，其余不足观也已矣。

茶具

苦节君湘竹风炉 建城藏茶箬笼 湘筠焙焙茶箱，盖其上以收火气也；隔其中，以有容也；纳火其下，去茶尺许，所以养茶色香味也。云屯泉缶 乌府盛炭篮 水曹涤器桶 鸣泉煮茶罐 品司编竹为橦，收贮各品叶茶 沉垢古茶洗 分盈水杓，即《茶经》水则。每两升用茶一两 执权准茶秤，每茶一两，用水二斤 合香藏日支茶瓶，以贮司品者 归洁竹筅帚，用以涤壶 漉尘洗茶篮 商象古石鼎 递火铜火斗 降红铜火箸，不用联索 团风湘竹扇 注春茶壶 静沸竹架，即《茶经》支腹 运锋镵果刀 啜香茶瓯 撩云竹茶匙 甘钝木砧墩 纳敬湘竹茶囊 易持纳茶漆雕秘阁 受污拭抹布

（二）闻龙《茶笺》

　　闻龙（1551—1631），字隐鳞，一字仲连，晚号飞遁翁，浙东四明（今宁波）人。出身甬上望族闻氏，为嘉靖时吏部尚书闻渊（1480—1563）之孙。据宁波天一阁藏民国十一年（1922）《鄞西石马塘闻氏家乘》记载，闻龙系鄞西闻氏天官房四房十一世后裔，谱名闻继龙。闻龙博通经史，善诗古文，精书法，慕高逸，终不一试。万国鼎《茶书总目提要》称他"崇祯时举贤良方正，坚辞不就"，恐不确。查康熙《鄞县志》卷十一"选举考·荐辟"条，崇祯时确有一位闻姓者"辞疾不应"，但其名"闻世选"，无根据即为闻龙。另外，崇祯时闻龙已过古稀之年，此时再举贤良方正，可能性似亦不大。著有《幽贞庐诗草》《行药吟》《幽贞庐逸稿》等。

　　《茶笺》，是一篇茶事心得笔记。屠本畯在《茶解·叙》中称："予友闻隐鳞，性通茶灵，早有季疵之癖，晚悟禅机，正对赵州之锋。"说明闻龙嗜茶，也精于茶事。如开篇写绿茶炒青之法专业、细致，成为后世传统炒青绿茶采造的典范。他还对甬城泉水进行了述评，认为以它泉为佳。农史学家万国鼎评《茶笺》"谈论茶的采制方法、四明泉水、茶具及烹饮等，有一些亲身经验"。当代茶圣吴觉农也称赞此书是"一部叙述亲身体验的茶书"。所以，尽管《茶笺》内容只有1 000多字，但仍与《茶录》《茶解》同为明代后期三部以实践经验为基础撰成的重要茶业专著。关于撰写时间，因该文早在屠本畯《茗笈》中便已有引述，表明至迟在万历三十六年（1608）《茗笈》成书前《茶笺》即已撰成。

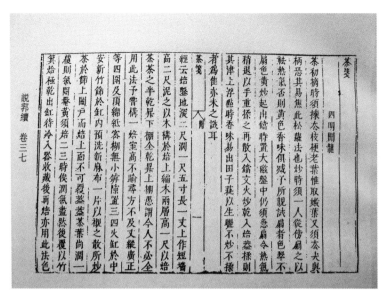

《茶笺》书影（宁波图书馆陈英浩 提供）

茶初摘时，须拣去枝梗老叶，惟取嫩叶；又须去尖与柄，恐其易焦。此松萝法也。炒时须一人从旁扇之，以祛热气。否则黄色，香味俱减，予所亲试。扇者色翠，不扇色黄。炒起出铛时，置大瓷盘中，仍须急扇，令热气稍退，以手重揉之；再散入铛，文火炒干入焙。盖揉则其津上浮，点时香味易出。田子艺以生晒、不炒、不揉者为佳，亦未之试耳。

《经》云："焙，凿地深二尺，阔二尺五寸，长一丈。上作短墙，高二尺，泥之。""以木构于焙上，编木两层，高一尺，以焙茶。茶之半干，升下棚；全干，升上棚。"愚谓今人不必全用此法。予尝构一焙，室高不逾寻；方不及丈，纵广正等，四围及顶，绵纸密糊，无小罅隙。置三四火缸于中，安新竹筛于缸内，预洗新麻布一片以衬之。散所炒茶于筛上，阖户而焙。上面不可覆盖。盖茶叶尚润，一覆则气闷罨黄，须焙二三时，俟润气尽，然后覆以竹箕。焙极干，出缸待冷，入器收藏。后再焙，亦用此法，色香与味，不致大减。

诸名茶，法多用炒，惟罗岕宜于蒸焙。味真蕴藉，世竞珍之。即顾渚、阳羡、密迩洞山，不复仿此。想此法偏宜于岕，未可概施他茗。而《经》已云蒸之、焙之，则所从来远矣。

吴人绝重岕茶，往往杂以黄黑箬，大是阙事。余每藏茶，必令樵青入山采竹箭箬，拭净烘干，护罂四周，半用剪碎，拌入茶中。经年发覆，青翠如新。

吾乡四陲皆山，泉水在在有之，然皆淡而不甘，独所谓它泉者，其源出自四明潺湲洞，历大阑、小皎诸名岫，回溪百折，幽涧千支，沿洄漫衍，不舍昼夜。唐鄞令王公元暐，筑埭它山，以分注江河，自洞抵埭，不下三数百里。水色蔚蓝，素砂白石，粼粼见底，清寒甘滑，甲于郡中。余愧不能为浮家泛宅，送老于斯，每一临泛，浃旬忘返。携茗就烹，珍鲜特甚，泂源泉之最，胜瓯牺之上味矣。以僻在海陬，图、经是漏，故又新之记罔闻，季疵之杓莫及，遂不得与谷帘诸泉齿，譬犹飞遁吉人，灭影贞士，直将逃名世外，亦且永托知稀矣。

山林隐逸，水铫用银，尚不易得，何况鍑乎？若用之恒，而卒归于铁也。

茶具涤毕，覆于竹架，俟其自干为佳。其拭巾只宜拭外，切忌拭内。盖布帨虽洁，一经人手，极易作气。纵器不干，亦无大害。

吴兴姚叔度言："茶叶多焙一次，则香味随减一次。"予验之良然。但于始焙极燥，多用炭箬，如法封固，即梅雨连旬，燥固自若。惟开坛频取，所以生润，不得不再焙耳。自四五月至八月，极宜致谨；九月以后，天气渐肃，便可解严矣。虽然，能不弛懈，尤妙尤妙。

东坡云：蔡君谟嗜茶，老病不能饮，日烹而玩之。可发来者之一笑也。孰知千载之下，有同病焉。余尝有诗云："年老耽弥甚，脾寒量不胜。"去烹而玩之者，几希矣。因忆老友周文甫，自少至老，茗碗熏炉，无时暂废。饮茶日有定期，旦明、晏食、禺中、铺时、下春、黄昏，凡六举。而客至烹点，不与焉。寿八十五无疾而卒。非宿植清福，乌能毕世安享？视好而不能饮者，所得不既多乎。尝畜一龚春壶，摩挲宝爱，不啻掌珠，用之既久，外类紫玉，内如碧云，真奇物也。后以殉葬。

按《经》云，第二沸，留热以贮之，以备育华救沸之用者，名曰隽永。五人则行三碗，七人则行五碗，若遇六人，但缺其一。正得五人，即行三碗。以隽永补所缺人。故不必别约碗数也。

（三）罗廪《茶解》

　　罗廪（1553—?），字高君，明代嘉靖、万历年间慈溪人，书法家、学者、隐士。据宁波天一阁藏民国十二年（1923）《慈溪罗氏宗谱》记载，罗廪系慈溪罗江罗氏二十二世后裔，又名国书，字君举，改字高君，号殨英，别号烟客、邑庠生，以善书名世。宗谱记载罗廪生卒俱失，从为父所作《先考南康别驾双浦府君行实》一文，可知其父名瑞，字双浦，曾任南康（今属江西赣州）别驾。从其父去世之年"孤方十有四岁"，可推知罗廪生于嘉靖三十二年（1553）。家居慈溪县治（今慈城）之学宫旁，生活优裕，筑有别墅。擅诗，工书，行、草得法于二王和怀素，纵横变化，几入妙品。据光绪《慈谿县志·艺文志》记载，其著作除了《茶解》一卷外，有《胜情集》一卷，《青原集》一卷，《浮樽集》一卷，《补陀游草》一卷，另选录明洪武以后80位诗人诗作为《句雅》。屠本畯《茶解·叙》称其"读书中隐山"，罗廪在《茶解·总论》中亦提到"余自儿时性喜茶"，后"乃周游产茶之地，采其法制，参互考订，深有所会，遂于中隐山阳栽植培灌，兹且十年"。这即是说，至少在万历四十年（1612）《茶解》增订本付梓前，罗廪曾周游各地，潜心调查种茶、制茶技艺之后，隐居中隐山种茶、读书有十多年时间。

　　成书于明万历三十六年（1608）前的《茶解》，约3 000字，前有序，后有跋，总论之后，分原、品、艺、采、制、藏、烹、水、禁、器等十目，凡茶叶栽培、采制、鉴评、烹藏及器皿等各方面均有记述，是明代后期乃至整个明清时期，中国古代茶书或传统茶学有关茶叶生产和烹饮技艺最为"论审而确""词简而核"，较为全面反映和代表其时实际水平的一篇茶叶专著。因作者"周游产茶之地，采其法制"，然后回乡居山十年，亲自实践，加以验证、总结，记述既符合科学，又富有哲理，见解多有独到之处，如作者首次提出了茶叶园艺的概念，对植茶、炒制及烹茶用水均有独到见解，所以被茶叶界誉为"除陆羽及其《茶经》之外，其人其书几无可与比者"，堪称《茶经》之后的第二茶书。

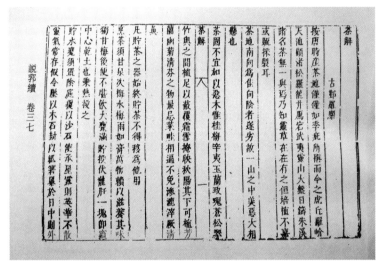

《茶解》书影（宁波图书馆陈英浩 提供）

叙

罗高君性嗜茶，于茶理有悬解，读书中隐山，手著一编曰《茶解》，云书凡十目，一之原，其茶所自出；二之品，其茶色、味、香；三之程，其艺植高低；四之定，其采摘时候；五之撷，其法制焙炒；

六之辨，其收藏凉燥；七之评，其点瀹缓急；八之明，其水泉甘洌；九之禁，其酒果腥秽；十之约，其器皿精粗。为条凡若干，而茶勋于是乎勒铭矣。其论审而确也，其词简而核也，以斯解茶，非眠云跂石人不能领略。高君自述曰："山堂夜坐，汲泉烹茗，至水火相战，俨听松涛倾泻入怀，云光潋滟。此时幽趣，未易与俗人言者，其致可挹矣。"初，予得《茶经》《茶谱》《茶疏》《泉品》等书，今于《茶解》而合璧之，读者口津津，而听者风习习，渴闷既涓，荣卫斯畅。予友闻隐鳞，性通茶灵，早有季疵之癖，晚悟禅机，正对赵州之锋，方与衰辑《茗笈》，持此示之，隐鳞印可，曰："斯足以为政于山林矣。"

万历己酉岁端阳日友人屠本畯撰

总论

茶通仙灵，久服能令升举，然蕴有妙理，非深知笃好，不能得其当。盖知深斯鉴别精，笃好斯修制力。余自儿时性喜茶，顾名品不易得，得亦不常有，乃周游产茶之地，采其法制，参互考订，深有所会，遂于中隐山阳栽植培灌，兹且十年。春夏之交，手为摘制，聊足供斋头烹啜，论其品格，当雁行虎丘。因思制度有古人意虑所不到，而今始精备者，如席地团扇，以册易卷，以墨易漆之类，未易枚举。即茶之一节，唐宋间研膏蜡面，京挺龙团，或至把握纤微，值钱数十万，亦珍重哉。而碾造愈工，茶性愈失，矧杂以香物乎？曾不若今人止精于炒焙，不损本真，故桑苎《茶经》，第可想其风致，奉为开山，其春碾罗则诸法，殊不足仿。余尝谓茶、酒二事，至今日可称精妙，前无古人，此亦可与深知者道耳。

原

鸿渐志茶之出，曰山南、淮南、剑南、浙东、黔州、岭南诸地。而唐宋所称，则建州、洪州、穆州、惠州、绵州、福州、雅州、南康、婺州、宣城、饶、池、蜀州、潭州、彭州、袁州、龙安、涪州、建安、岳州。而绍兴进茶，自宋范文虎始；余邑贡茶，亦自南宋季至今。南山有茶局、茶曹、茶园之名，不一而止。盖古多园中植茶。沿至我朝，贡茶为累，茶园尽废，第取山中野茶，聊且塞责，而茶品遂不得与阳羡、天池相抗矣。余按：唐宋产茶地，仅仅如前所称，而今之虎丘、罗岕、天池、顾渚、松萝、龙井、雁荡、武夷、灵山、大盘、日铸诸有名之茶，无一与焉。乃知灵草在在有之，但人不知培植，或疏于制度耳。嗟嗟，宇宙大矣！

《经》云一茶、二槚、三蔎、四茗、五荈，精粗不同，总之皆茶也。而至如岭南之苦登，玄岳之骞林叶，蒙阴之石藓，又各为一类，不堪入口。元·陆友仁《研北志》云：交趾登茶如绿苔，味辛烈而不言其苦恶，要非知茶者。

茶，六书作"荼"；《尔雅》《本草》《汉书》，荼陵俱作"茶"。《尔雅》注云"树如栀子"是已；而谓冬生叶，可煮作羹饮，其故难晓。

品

茶须色、香、味三美具备。色以白为上，青绿次之，黄为下。香如兰为上，如蚕豆花次之。味以甘为上，苦涩斯下矣。

茶色贵白。白而味觉甘鲜，香气扑鼻，乃为精品。盖茶之精者，淡固白，浓亦白，初泼白，久贮亦白。味足而色白，其香自溢，三者得则俱得也。近好事家，或虑其色重，一注之水，投茶数片，味既不足，香亦杳然，终不免水厄之诮耳。虽然，尤贵择水。

茶难于香而燥。燥之一字，唯真岕茶足以当之。故虽过饮，亦自快人。重而湿者，天池也。茶之燥湿，由于土性，不系人事。

茶须徐啜，若一吸而尽，连进数杯，全不辨味，何异佣作。卢仝七碗，亦兴到之言，未是实事。

山堂夜坐，手烹香茗，至水火相战，俨听松涛，倾泻入瓯，云光缥缈，一段幽趣，故难与俗人言。

艺

种茶，地宜高燥而沃。土沃，则产茶自佳。《经》云：生烂石者上，土者下，野者上，园者次。恐不然。

秋社后摘茶子，水浮，取沉者，略晒去湿润，沙拌藏竹篓中，勿令冻损。俟春旺时种之。茶喜丛生，先治地平正，行间疏密，纵横各二尺许。每一坑下子一掬，覆以焦土，不宜太厚，次年分植，三年便可摘取。

茶地斜坡为佳，聚水向阴之处，茶品遂劣。故一山之中，美恶相悬。至吾四明海内外诸山，如补陀、川山、朱溪等处，皆产茶而色、香、味俱无足取者。以地近海，海风咸而烈，人面受之不免憔悴而黑，况灵草乎。

茶根土实，草木杂生则不茂。春时薙草，秋夏间锄掘三四遍，则次年抽茶更盛。茶地觉力薄，当培以焦土。治焦土法：下置乱草，上覆以土，用火烧过，每茶根旁掘一小坑，培以升许。须记方所，以便次年培壅。晴昼锄过，可用米泔浇之。

茶园不宜杂以恶木，惟桂、梅、辛夷、玉兰、苍松、翠竹之类，与之间植，亦足以蔽覆霜雪，掩映秋阳。其下可莳芳兰、幽菊及诸清芬之品。最忌与菜畦相逼，不免秽污渗漉，滓厥清真。

采

雨中采摘，则茶不香。须晴昼采，当时焙；迟则色、味、香俱减矣。故谷雨前后，最怕阴雨。阴雨宁不采。久雨初霁，亦须隔一两日方可。不然，必不香美。采必期于谷雨者，以太早则气未足，稍迟则气散。入夏，则气暴而味苦涩矣。

采茶入箪，不宜见风日，恐耗其真液。亦不得置漆器及瓷器内。

制

炒茶，铛宜热；焙，铛宜温。凡炒，止可一握，候铛微炙手，置茶铛中，札札有声，急手炒匀；出之箕上，薄摊用扇扇冷，略加揉挼。再略炒，入文火铛焙干，色如翡翠。若出铛不扇，不免变色。

茶叶新鲜，膏液具足，初用武火急炒，以发其香。然火亦不宜太烈，最忌炒制半干，不于铛中焙燥而厚罨笼内，慢火烘炙。

茶炒熟后，必须揉挼。揉挼则脂膏镕液，少许入汤，味无不全。

铛不嫌熟，磨擦光净，反觉滑脱。若新铛，则铁气暴烈，茶易焦黑。又若年久锈蚀之铛，即加磋磨，亦不堪用。

炒茶用手，不惟匀适，亦足验铛之冷热。

薪用巨干，初不易燃，既不易熄，难于调适。易燃易熄，无逾松丝。冬日藏积，临时取用。

茶叶不大苦涩，惟梗苦涩而黄，且带草气。去其梗，则味自清澈；此松萝、天池法也。余谓及时急采急焙，即连梗亦不甚为害。大都头茶可连梗，入夏便须择去。

松萝茶，出休宁松萝山，僧大方所创造。其法，将茶摘去筋脉，银铫炒制。今各山悉仿其法，真伪亦难辨别。

茶无蒸法，惟岕茶用蒸。余尝欲取真岕，用炒焙法制之，不知当作何状。近闻好事者，亦稍稍变其初制矣。

藏

藏茶，宜燥又宜凉。湿则味变而香失，热则味苦而色黄。蔡君谟云："茶喜温。"此语有疵。大都藏茶宜高楼，宜大瓮。包口用青箬。瓮宜覆不宜仰，覆则诸气不入。晴燥天，以小瓶分贮用。又贮茶之器，必始终贮茶，不得移为他用。小瓶不宜多用青箬，箬气盛，亦能夺茶香。

烹

名茶宜瀹以名泉。先令火炽，始置汤壶，急扇令涌沸，则汤嫩而茶色亦嫩。《茶经》云：如鱼目微有声，为一沸；沿边如涌泉连珠，为二沸；腾波鼓浪，为三沸；过此则汤老，不堪用。李南金谓：当用背二涉三之际为合量。此真赏鉴家言。而罗大经惧汤过老，欲于松涛涧水后移瓶去火，少待沸止而瀹之。不知汤既老矣，虽去火何救耶？此语亦未中窍。

岕茶用热汤洗过挤干，沸汤烹点。缘其气厚，不洗则味色过浓，香亦不发耳。自余名茶，俱不必洗。

水

古人品水，不特烹时所须，先用以制团饼，即古人亦非遍历宇内，尽尝诸水，品其次第，亦据所习见者耳。甘泉偶出于穷乡僻境，土人或藉以饮牛涤器，谁能省识。即余所历地，甘泉往往有之。如象山蓬莱院后，有丹井焉，晶莹甘厚，不必瀹茶，亦堪饮酌。盖水不难于甘，而难于厚，亦犹之酒不难于清香美冽，而难于淡。水厚酒淡，亦不易解。若余中隐山泉，止可与虎跑甘露作对，较之惠泉，不免径庭。大凡名泉，多从石中迸出，得石髓故佳，沙潭为次，出于泥者多不中用。宋人取井水，不知井水止可炊饭作羹，瀹茗必不妙，抑山井耳？

瀹茗必用山泉，次梅水。梅雨如膏，万物赖以滋长，其味独甘。《仇池笔记》云：时雨甘滑，泼茶煮药，美而有益。梅后便劣。至雷雨最毒，令人霍乱，秋雨冬雨，俱能损人。雪水尤不宜，令肌肉销铄。

梅水，须多置器于空庭中取之，并入大瓮，投伏龙肝两许，包藏月余汲用，至益人。伏龙肝，灶心中干土也。

武林南高峰下，有三泉。虎跑居最，甘露亚之，真珠不失下劣，亦龙井之匹耳。许然明，武林人，品水不言甘露何耶？甘露寺在虎跑左，泉居寺殿角，山径甚僻，游人罕至。岂然明未经其地乎？

黄河水，自西北建瓶而东，支流杂聚，何所不有。舟次无名泉，聊取充用可耳。谓其源从天来，不减惠泉，未是定论。

《开元遗事》纪逸人王休，每至冬时，取冰敲其精莹者，煮建茶以奉客，亦太多事。

禁

采茶、制茶，最忌手汗、膻气、口臭、多涕、多沫不洁之人及月信妇人。

茶、酒性不相入，故茶最忌酒气，制茶之人，不宜沾醉。

茶性淫，易于染着，无论腥秽及有气之物，不得与之近。即名香亦不宜相杂。

茶内投以果核及盐椒、姜、橙等物，皆茶厄也。茶采制得法，自有天香，不可方拟。蔡君谟云：莲花、木樨、茉莉、玫瑰、蔷薇、惠兰、梅花种种，皆可拌茶，且云重汤煮焙收用，似于茶理不甚晓畅。至倪云林点茶用糖，则尤为可笑。

器

箪

以竹篾为之，用以采茶。须紧密，不令透风。

灶

置铛二，一炒、一焙，火分文武。

箕

大小各数个。小者盈尺，用以出茶；大者二尺，用以摊茶，揉挼其上，并细篾为之。

扇

茶出箕中，用以扇冷。或藤、或箬、或蒲。

笼

茶从铛中焙燥，复于此中再总焙入瓮，勿用纸衬。

帨

用新麻布，洗至洁，悬之茶室，时时拭手。

瓮

用以藏茶，须内外有油水者，预涤净晒干以待。

炉

用以烹泉，或瓦或竹，大小要与汤壶称。

注

以时大彬手制粗沙烧缸色者为妙，其次锡。

壶

内所受多寡，要与注子称。或锡或瓦，或汴梁摆锡铫。

瓯

以小为佳，不必求古，只宣、成、靖窑足矣。

筴

以竹为之，长六寸，如食箸而尖其末，注中泼过茶叶，用此筴出。

跋

家孝廉兄有茶圃，在桃花源，西岩幽奇，别一天地，琪花珍羽，莫能辨识其名。所产茶，实用蒸法如岕茶，弗知有炒焙、揉挼之法。予理鄣日，始游松萝山，亲见方长老制茶法甚具，予手书茶僧卷赠之，归而传其法。故出山中，人弗习也。中岁自祠部出，偕高君访太和，辄入吾里。偶纳凉城西庄称姜家山者，上有茶数株，翳丛薄中，高君手撷其芽数升，旋沃山庄铛炊，松茅活火，且炒且揉，得数合，驰献先计部，余命童子汲溪流烹之。洗盏细啜，色白而香，仿佛松萝等。自是吾兄弟每及谷雨前，遣干仆入山，督制如法，分藏堇堇。迩年，荣邸中益稔兹法，近采诸梁山制之，色味绝佳，乃知物不殊，顾腕法工拙何如耳。

予晚节嗜茶益癖，且益能别渑淄，觉舌根结习未化，于役湟塞，遍品诸水。得城隅北泉，自岩隙中淅沥如线渐出，辄涛然迸流。尝之味甘洌且厚，寒碧沁人，即弗能颜行中泠，亦庶几昆龙泓而季蒙惠矣。日汲一盎，供博士垆。茗，必松萝始御，弗继，则以天池、顾渚需次焉。

顷从皋兰书邮中接高君八行，兼寄《茶解》，自明州至。亟读之，语语中伦，法法入解，赞皇失其鉴，竟陵褫其衡。风旨泠泠，翛然人外，直将莲花齿颊，吸尽西江，洗涤根尘，妙证色、香、味三昧，无论紫茸作供，当拉玉版同参耳。予因追忆西庄采啜酣笑时，一弹指十九年矣。予疲暮尚逐戎马，不耐膻乡湩酪，赖有此家常生活，顾绝塞名茶不易致，而高君乃用此为政中隐山，足以茹真却老，予实妒之。更卜何时盘砖相对，倚听松涛，口津津林壑间事，言之色飞。予近筑滮园，作沤息计，饶阳阿爽垲艺茶，归当手兹编为善知识，亦甘露门不二法也。昔白香山治池园洛下，以所获颍川酿法，蜀客秋声，传陵之琴、弘农之石为快。惜无有以兹解授之者，予归且习禅，无所事酿，孤桐怪石，夙故畜之。今复得兹，视白公池上物奢矣。率尔书报高君，志兰息心赏。

时万历壬子春三月　武陵友弟龙膺君御甫书

（四）屠本畯《茗笈》

屠本畯（1542—1622），字绍閟，又字田叔，号汉陂、桃花渔父，晚自号憨先生、閟叟，甬东鄞县（今浙江宁波）人。出身甬上望族官宦之家，屠大山［嘉靖二年（1523）进士，累官至兵部右侍郎兼督察院右佥都御史，总督湖广、川、贵军务］之子，初以父荫任刑部检校、太常寺典簿、礼部郎中等职，后出任两淮盐运司同知、福建盐运司同知，升任湖广辰州（今湖南沅陵）知府，进阶中宪大夫致仕。一生鄙视名利，廉洁自持，以读书、著述为乐，到老仍勤学不辍，留有著名的读书"四当论"："吾于书饥当以食，渴当以饮，欠身以当枕席，愁及以当鼓吹，未尝苦也。"鼓励着后世读书人求知不倦。

他是位多才多艺的官员、学者，学识渊博，著述丰富。他热爱生活，热爱大自然，是我国古代最早的海洋动物学家、植物学家之一，著有《海味索引》《闽中海错疏》《山林经济籍》《闽中荔枝谱》《野菜笺》《离骚草木疏补》和花艺专著《瓶史月表》等书，内容涉及植物、动物、园艺等诸多领域。其诗文后人辑为《屠田叔集》。

《茗笈》系作者植物经济类著作《山林经济籍》之一卷，共16章8 000多字，上篇8章为溯源、得地、乘时、揆制、藏茗、品泉、候火、定汤，下篇8章为点瀹、辨器、申忌、防滥、戒淆、相宜、衡鉴、玄赏，章首列赞语，以《茶经》为经文，辑录《茶录》等18种书籍（茶书14种，其他文献4种）论茶之语为传文，后有评语。前赞后评，前经后文，体例独特，别具一格。与之体例相呼应，《茗笈》前有包括自序在内的三篇序言，后有四篇跋语，规模超群，对《茗笈》多有赞美。精选的各家观点，按加的赞语和评语，体现了作者对茶的情有独钟，对茶文化的深入研究和独到见解。该书还第一次记载了茗花（茶树之花）点茶的雅事。据宁波大学张如安教授考证，《茗笈》定稿于万历戊申年（1608）修禊日（农历三月初三）。

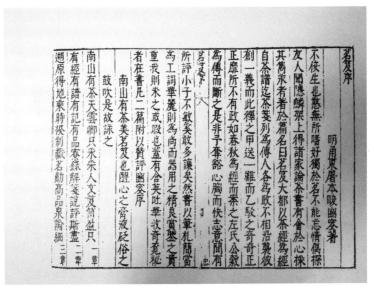

《茗笈》书影（宁波图书馆陈英浩 提供）

茗笈

序

清士之精华，莫如诗，而清士之绪余，则有扫地、焚香、煮茶三者。焚香、扫地，余不敢让，而至于茶，则恒推毂吾友闻隐鳞氏，如推毂隐鳞之诗。盖隐鳞高标幽韵，迥出尘表，于斯二者，吾无间然。其在缙绅，惟幽叟先生与隐鳞同其臭味。隐鳞嗜茶，幽叟之于茶也，不甚嗜，然深能究茶之理、契茶之趣，自陆氏《茶经》而下，有片语及茶者，皆旁搜博订，辑为《茗笈》，以传同好。其间采制之宜、收藏之法、饮啜之方，与夫鉴别品第之精，当可谓陆氏功臣矣。余谓幽叟宦中诗，多取材齐梁，而其林下诸作，无不力追老杜。少陵之后，有称诗史者，惟幽叟。而季疵之后称茶史者，亦惟幽叟。隐鳞有幽叟，似不得专其美矣。两君皆吾越人，余因谓茶之与泉，犹生才何地无佳者？第托诸通都要路者，取名易，而僻在一隅者，起名难。吾乡泉若它山，茶若朱溪，以其产于海隅，知之者遂鲜。世有具赞皇之口，玉川之量，不远千里可也。

庚戌上巳日　社弟薛冈题

序

屠幽叟先生，昔转运闽海衙，斋中阒若僧寮。予每过从，辄具茗碗，相对品骘古人文章词赋，不及其他。茗尽而谈未竟，必令童子数燃鼎继之，率以为常。而先生亦赏予雅通茗事，喜与语，且喜与啜。凡天下奇名异品，无不烹试，定其优劣，意豁如也。及先生擢守辰阳，挂冠归隐鉴湖，益以烹点为事。铅椠之暇，著为《茗笈》十六篇。本陆羽之文为经，采诸家之说为传，又自为评赞以美之。文典事清，足为山林公案。先生其泉石膏肓者耶！予与先生别十五载，而谢在杭自燕归，出《茗笈》，读之清风逸兴，宛然在目。乃谋诸守公喻使君梓之郡斋，以广同好善夫。陆华亭有言曰：此一味，非眠云跛石人未易领略。可为幽叟实录云。

万历辛亥年秋日　晋安徐𤎺兴公书

自序（明甬东屠本畯幽叟著）

不佞生也憨，无所嗜好，独于茗不能忘情。偶探友人闻隐鳞架上，得诸家论茶书，有会于心，采其隽永者，著于篇，名曰《茗笈》。大都以《茶经》为经，自《茶录》迄《茶笺》列为传，人各为政，不相沿袭。彼创一义，而此释之，甲送一难，而乙驳之，奇奇正正，靡所不有。政如《春秋》为经，而案之左氏、公、穀为《传》，而断之是非。予夺豁心胸而快志意，间有所评，小子不敏，奚敢多让矣。然书以笔札简当为工，词华丽则为尚。而器用之精良，赏鉴之贵重，我则未之或暇也。盖有含英吐华、收奇觅秘者在。书凡二篇，附以赞评。幽叟序。

南山有茶，美茗笈也，醒心之膏液，砭俗之鼓吹，是故咏之。

南山有茶，天云卿只，采采人文，笈筒盈只。一章有经有谱，有记有品，寮录解笺，说评斯尽。二章溯原得地，乘时揆制，藏茗勋高，品泉论细。三章候火定汤，点瀹辨器，亦有雅人，惟申严忌。四章既防糜滥，又戒混淆，相度时宜，乃忘至劳。五章我狙东山，高岗捃拾，衡鉴玄赏，咸登于笈。六章予本憨人，坐草观化，赵茶未悟，许瓢欲挂。七章沧浪水清，未可濯缨，旋汲旋瀹，以注《茶经》。八章兰香泛瓯，灵泉在卣，惟喜咏茶，罔解颂酒。九章竹里韵士，松下高僧，汲甘露水，礼古先生。十章

南山有茶十章，章四句。

上篇目录

下篇目录

附品藻

品茶姓氏

《茶经》，陆羽著，字鸿渐，一名疾，字季疵，号桑苎翁。

《试茶歌》，刘梦得著，字禹锡。

《陆羽点茶图跋》，董逌著。

《茶录》，蔡襄著，字君谟。

《煮茶泉品》，叶清臣著。

《仙芽传》，苏廙著。

《东溪试茶录》，宋子安著。

《鹤林玉露》，罗大经著，字景纶。

《茶寮记》，陆树声著，字与吉。

《煎茶七类》，同上。

《煮泉小品》，田艺蘅著，字子艺。

《类林》，焦竑著，字弱侯。

《茶录》，张源著，字伯渊。

《茶疏》，许次纾著，字然明。

《罗岕茶记》，熊明遇著。

《茶说》，刑士襄著，字三若。

《茶解》，罗廪著，字高君。

《茶笺》，闻龙著，字隐鳞，初字仲连。

上篇赞评

第一溯源章

赞曰：世有仙芽，消纇捐忿，安得登枚，而忘其本。

茶者，南方之嘉木。其树如瓜芦，叶如栀子，花如白蔷薇，实如栟榈，蒂如丁香，根如胡桃。其名：一曰茶，二曰槚，三曰蔎，四曰茗，五曰荈。山南以峡州上，襄州、荆州次，衡州下，金州、梁州又下。淮南以光州上，义阳郡、舒州次，寿州下，蕲州、黄州又下。浙西以湖州上，常州次，宣州、杭州、睦州、歙州下，润州、苏州又下。剑南以彭州上，锦州、蜀州、邛州次，雅州、泸州下，眉州、汉州又下。浙东以越州上，明州、婺州次，台州下。黔中生思州、播州、费州、夷州。江南生鄂州、袁州、吉州。岭南生福州、建州、泉州、韶州、象州。其思、播、费、夷、鄂、袁、吉、福、建、泉、韶、象十二州，未详。往往得之，其味极佳。陆羽《茶经》

按：唐时产茶地，仅仅如季疵所称，而今之虎丘、罗岕、天池、顾渚、松罗、龙井、雁荡、武夷、灵山、大盘、日铸、朱溪诸名茶，无一与焉。乃知灵草在在有之，但培植不嘉，或疏采制耳。罗廪《茶解》

吴楚山谷间，气清地灵，草木颖挺，多孕茶荈。大率右于武夷者，为白乳；甲于吴兴者，为紫笋；产禹穴者，以天章显；茂钱塘者，以径山稀。至于桐庐之岩，云衡之麓，鸦山著于吴歙，蒙顶传于岷蜀，角立差胜，毛举实繁。叶清臣《煮茶泉品》

唐人首称阳羡，宋人最重建州，于今贡茶，两地独多。阳羡仅有其名，建州亦非上品，惟武夷雨前最胜。近日所尚者，为长兴之罗岕，疑即古顾渚紫笋。然岕故有数处，今惟洞山最佳。姚伯道云：明月之峡，厥有佳茗，韵致清远，滋味甘香，足称仙品。其在顾渚，亦有佳者，今但以水口茶名之，全与岕别矣。若歙之松罗，吴之虎丘，杭之龙井，并可与岕颉颃。郭次甫极称黄山，黄山亦在歙，去松罗远甚。往时士人皆重天池，然饮之略多，令人胀满。浙之产曰雁宕、大盘、金华、日铸，皆与武夷相伯仲。钱塘诸山，产茶甚多，南山尽佳，北山稍劣。武夷之外，有泉州之清源，倘以好手制之，亦是武夷亚匹；惜多焦枯，令人意尽。楚之产曰宝庆，滇之产曰五华，皆表表有名，在雁茶之上。其他名山所产，当不止此，或余未知，或名未著，故不及论。许次纾《茶疏》

评曰：昔人以陆羽饮茶，比于后稷树谷，然哉！及观韩翃《谢赐茶启》云："吴主礼贤，方闻置茗；晋人爱客，才有分茶。"则知开创之功，虽不始于桑苎，而制茶自出至季疵而始备矣。嗣后名山之产，灵草渐繁，人工之巧，佳茗日著，皆以季疵为墨守，即谓开山之祖可也。其蔡君谟而下，为传灯之士。

第二得地章

赞曰：烨烨灵荈，托根高岗，吸风饮露，负阴向阳。

上者生烂石，中者生砾壤，下者生黄土。野者上，园者次，阴山坡谷者，不堪采掇。陆羽《茶经》

产茶处，山之夕阳，胜于朝阳。庙后山西向，故称佳；总不如洞山南向，受阳气特专，称仙品。熊明遇《罗岕茶记》

茶地南向为佳，向阴者遂劣。故一山之中，美恶相悬。罗廪《茶解》

茶产平地，受土气多，故其质浊。岕茗产于高山，浑是风露清虚之气，故为可尚。熊明遇《罗岕茶记》

茶固不宜杂以恶木，惟桂、梅、辛夷、玉兰、玫瑰、苍松、翠竹与之间植，足以蔽覆霜雪，掩映秋阳。其下可植芳兰、幽菊清芬之物，最忌菜畦相逼，不免渗漉，滓厥清真。罗廪《茶解》

评曰：瘠土民癯，沃土民厚；城市民嚣，而漓山乡民朴而陋。齿居晋而黄，项处齐而瘿。人犹如此，岂惟茗哉！

第三乘时章

赞曰：乘时待时，不愆不崩，小人所援，君子所凭。

采茶，在二月、三月、四月之间。茶之笋者，生烂石沃土，长四五寸，若薇蕨始抽，凌露采焉。茶之芽者，发于丛薄之上，有三枝、四枝、五枝者，选其中枝颖拔者采焉。陆羽《茶经》

清明太早，立夏太迟，谷雨前后，其时适中。若肯再迟一二日，待其气力完足，香烈尤倍，易于收藏。许次纾《茶疏》

茶以初出雨前者佳，惟罗岕立夏开园，吴中所贵，梗粗叶厚，有萧箬之气；还是夏前六七日，如雀舌者佳，最不易得。熊明遇《罗岕茶记》

岕茶，非夏前不摘。初试摘者，谓之开园。采自正夏，谓之春茶。其地稍寒，故须得此，又不当以太迟病之。往时无秋日摘者，近乃有之。七八月重摘一番，谓之早春。其品甚佳，不嫌少薄。他山射利，多摘梅茶。梅雨时摘，故曰梅茶。梅茶苦涩，且伤秋摘，佳产戒之。许次纾《茶疏》

凌露无云，采候之上；霁日融和，采候之次；积雨重阴，不知其可。邢士襄《茶说》

评曰：桑苎翁，制茶之圣者欤？《茶经》一出，则千载以来，采制之期，举无能违其时日而纷更之者。罗高君谓：知深，斯鉴别精；笃好，斯修制力。可以赞桑苎翁之烈矣。

第四揆制章

赞曰：尔造尔制，有嫒有矩，度也惟良，于斯信汝。

其日有雨不采，晴有云不采；晴，采之，蒸之，捣之，拍之，焙之，穿之，封之，茶之干矣。陆羽《茶经》

断茶，以甲不以指。以甲则速断不柔，以指则多湿易损。宋子安《东溪试茶录》

其茶初摘，香气未透，必借火力以发其香。然茶性不耐劳，炒不宜久。多取入铛，则手力不匀，久于铛中，过熟而香散矣。炒茶之铛，最嫌新铁，须预取一铛专用炊饭，毋得别作他用。一说惟常煮饭者佳，既无铁腥，亦无脂腻。炒茶之薪，仅可树枝，不用干叶。干则火力猛炽，叶则易焰易灭。铛必磨洗莹洁，旋摘旋炒。一铛之内，仅容四两。先用文火焙软，次加武火催之。手加木指，急急炒转，以半熟为度。微俟香发，是其候也。许次纾《茶疏》

茶初摘时，须拣去枝梗老叶，惟取嫩叶；又须去尖与柄，恐其易焦，此松萝法也。炒时须一人从傍扇之，以祛热气。否则黄色，香味俱减，予所亲试。扇者色翠，不扇色黄。炒起出铛时，置大瓷盘中，仍须急扇，令热气稍退，以手重揉之；再散入铛，文火炒干入焙。盖揉则其津上浮，点时香味易出。田子艺以生晒、不炒不揉者为佳，亦未之试耳。闻龙《茶笺》

火烈香清，铛寒神倦；火烈生焦，柴疏失翠；久延则过熟，早起却还生。熟则犯黄，生则着黑，带白点者无妨，绝焦点者最胜。张源《茶录》

《经》云：焙，凿地深二尺，阔二尺五寸，长一丈。上作短墙，高二尺，泥之。以木构于焙上，编木两层，高一尺，以焙茶。茶之半干，升下棚；全干，升上棚。愚谓今人不必全用此法。予尝构一焙，室高不逾寻，方不及丈，纵广正等，四围及顶，绵纸密糊，无小罅隙。置三四火缸于中，安新竹筛于缸内，预洗新麻布一片以衬之。散所炒茶于筛上，阖户而焙。上面不可覆盖，盖茶叶尚润，一覆则气闷罨黄，

须焙二三时，俟润气尽，然后覆以竹箕，焙极干，出缸待冷，入器收藏。后再焙，亦用此法，色香与味，不致大减。闻龙《茶笺》

茶之妙，在乎始造之精，藏之得法，点之得宜。优劣定乎始锅，清浊系乎末火。张源《茶录》

诸名茶法多用炒，惟罗岕宜于蒸焙，味真蕴藉，世竞珍之。即顾渚、阳羡，密迩洞山，不复仿此。想此法偏宜于岕，未可概施他茗，而《经》已云"蒸之、焙之"，则所从来远矣。闻龙《茶笺》

评曰：必得色全，惟须用扇；必全香味，当时焙炒。此评茶之准绳，传茶之衣钵。

第五藏茗章

赞曰：茶有仙德，几微是防，如保赤子，云胡不藏。

育以木制之，以竹编之，以纸糊之。中有槅，上有覆，下有床，旁有门，掩一扇。中置一器，贮煻煨火，令煴煴然。江南梅雨时，焚之以火。陆羽《茶经》

藏茶，宜箬叶而畏香药，喜温燥而忌冷湿。收藏时，先用青箬以竹丝编之，置罂四周。焙茶俟冷，贮器中，以生炭火煅过，烈日中曝之令灭，乱插茶中，封固罂口，覆以新砖，置高爽近人处。霉天雨候，切忌发覆，须于晴明，取少许别贮小瓶。空缺处，即以箬填满，封置如故，方为可久。或夏至后一焙，或秋分后一焙。熊明遇《罗岕茶记》

切勿临风近火。临风易冷，近火先黄。张源《茶录》

凡贮茶之器，始终贮茶，不得移为他用。罗廪《茶解》

吴人绝重岕茶，往往杂以黄黑箬，大是缺事。余每藏茶，必令樵青入山采竹箭箬，拭净烘干，护罂四周，半用剪碎，拌入茶中。经年发覆，青翠如新。闻龙《茶笺》

置顿之所，须在时时坐卧之处。逼近人气，则常温不寒。必在板房，不宜土室。板房则燥，土室则蒸。又要透风，勿置幽隐之处，尤易蒸湿。许次纾《茶疏》

评曰：罗生言茶酒二事，至今日可称精绝，前无古人。此可与深知者道耳。夫茶酒，超前代希有之精品，罗生创前人未发之玄谈。吾尤诧：夫厄谈名酒者十九，清谈佳茗者十一。

第六品泉章

赞曰：仁智之性，山水乐深，载斟清泚，以涤烦襟。

山水上，江水次，井水下。山水择乳泉石池漫流者上，其瀑涌湍漱勿食。久食，令人有颈疾。又多别流于山谷者，澄浸不泄，自火天至霜郊以前，或潜龙蓄毒于其间，饮者可决之以流其恶。使新烟涓涓然，酌之。其江水，取去人远者。陆羽《茶经》

山宣气以产万物，气宣则脉长。故曰山水上。泉，不难于清而难于寒，其濑峻流驶而清，岩奥积阴而寒者，亦非佳品。田艺蘅《煮泉小品》

江，公也，众水共入其中也。水共则味杂，故曰江水次之。其水取去人远者，盖去人远，则澄深而无荡漾之漓耳。田艺蘅《煮泉小品》

余少得温氏所著《茶说》，尝识其水泉之目有二十焉。会西走巴峡，经蛤蟆窟；北憩芜城，汲蜀冈井；东游故都，绝扬子江；留丹阳，酌观音泉；过无锡，斟惠山水。粉枪芽旗，苏兰薪桂，且鼎且缶，以饮以啜，莫不瀹气涤虑，蠲病析酲，祛鄙吝之生心，招神明而还观。信乎物类之得宜，臭味之所感，幽人之嘉尚，前贤之精鉴，不可及矣。叶清臣《煮茶泉品》

山顶泉，清而轻；山下泉，清而重；石中泉，清而甘；砂中泉，清而冽；土中泉，淡而白。流于黄石为佳，泻出青石无用。流动愈于安静，负阴胜于向阳。张源《茶录》

山厚者泉厚，山奇者泉奇，山清者泉清，山幽者泉幽，皆佳品也。不厚则薄，不奇则蠢，不清则浊，不幽则喧，必无用矣。田艺蘅《煮泉小品》

泉不甘，能损茶味。前代之论水品者，以此。蔡襄《茶录》

吾乡四陲皆山，泉水在在有之，然皆淡而不甘，独所谓它泉者，其源出自四明潺湲洞，历大阆、小皎诸名岫，回溪百折，幽涧千支，沿洄漫衍，不舍昼夜。唐鄞令王公元暐，筑埭它山，以分注江河，自洞抵堁，不下三数百里。水色蔚蓝，素砂白石，粼粼见底，清寒甘滑，甲于郡中。余愧不能为浮家泛宅，送老于斯。每一临泛，浃旬忘返。携茗就烹，珍鲜特甚，洵源泉之最胜，瓯牺之上味矣。以僻在海陬，图、经是漏，故又新之记罔间，季疵之杓莫及，遂不得与谷帘诸泉齿，譬犹飞遁吉人，灭影贞士，直将逃名世外，亦且永托知希矣。闻龙《茶笺》

山泉稍远，接竹引之，承之以奇石，贮之以净缸，其声琤琮可爱。移水取石子，虽养其味，亦可澄水。田艺蘅《煮泉小品》

甘泉，旋汲用之斯良。丙舍在城，夫岂易得？故宜多汲，贮以大瓮。但忌新器，为其火气未退，易于败水，亦易生虫。久用则善，最嫌他用。水性忌木，松杉为甚。木桶贮水，其害滋甚，絜瓶为佳耳。许次纾《茶疏》

烹茶须甘泉，次梅水。梅雨如膏，万物赖以滋养，其味独甘。梅后便不堪饮，大瓮满贮，投伏龙肝一块，即灶中心干土也，乘热投之。罗廪《茶解》

烹茶，水之功居六。无泉则用天水，秋雨为上，梅雨次之。秋雨冽而白，梅雨醇而白。雪水，五谷之精也，色不能白。养水须置石子于瓮，不惟益水，而白石清泉，会心亦不在远。熊明遇《罗岕茶记》

贮水瓮须置阴庭，覆以沙帛，使承星露，则英华不散，灵气常存。假令压以木石，封以纸箬，曝于日中，则外耗其神，内闭其气，水神敝矣。罗廪《茶解》

评曰：《茶记》言：养水置石子于瓮，不惟益水，而白石清泉，会心不远。夫石子须取其水中，表里莹澈者佳。白如截肪，赤如鸡冠，蓝如螺黛，黄如蒸栗，黑如玄漆，锦纹五色，辉映瓮中。徙倚其侧，应接不暇。非但益水，亦且娱神。

第七候火章

赞曰：君子观火，有要有伦，得心应手，存乎其人。

其火用炭，曾经燔炙为脂腻所及，及膏木败器不用。古人识劳薪

之味，信哉。陆羽《茶经》

火必以坚木炭为上，然本性未尽，尚有余烟，烟气入汤，汤必无用。故先烧令红，去其烟焰，兼取性力猛炽，水乃易沸。既红之后，方授水器，乃急扇之，愈速愈妙，毋令手停。停过之汤，宁弃而再烹。许次纾《茶疏》

炉火通红，茶铫始上。扇起要轻疾，待汤有声，稍稍重疾，斯文武火之候也。若过乎文，则水性柔，柔则水为茶降；过于武，则火性烈，烈则茶为水制，皆不足于中和，非茶家之要旨。张源《茶录》

评曰：苏廙《仙芽传》载汤十六云：调茶在汤之淑慝，而汤最忌烟。燃柴一枝，浓烟满室，安有汤耶，又安有茶耶？可谓确论。田子艺以松实、松枝为雅者，乃一时兴到之言，不知大谬茶理。

第八定汤章

赞曰：茶之殿最，待汤建勋，谁其秉衡，跂石眠云。

其沸如鱼目，微有声为一沸；缘边如涌泉连珠，为二沸；腾波鼓浪，为三沸。以上水老，不可食也。凡酌，置诸碗，令沫饽均。沫饽，汤之华也。华之薄者曰沫，厚者曰饽，细轻者曰华。如枣花漂漂然于环池之上，又如回潭曲渚青萍之始生，又如晴天爽朗有浮云鳞鳞然。其沫者，若绿钱浮于水湄，又如菊英堕于尊俎之中；饽者，以滓煮之，及沸，则重华累沫，皓皓然若积雪耳。陆羽《茶经》

水入铫便须急煮，候有松声，即去盖，以消息其老嫩。蟹眼之后，水有微涛，是为当时。大涛鼎沸，旋至无声，是为过时。过时老汤决不堪用。许次纾《茶疏》

沸速，则鲜嫩风逸；沸迟，则老熟昏钝。许次纾《茶疏》

汤有三大辨：一曰形辨，二曰声辨，三曰气辨。形为内辨，声为外辨，气为捷辨。如虾眼、蟹眼、鱼目连珠，皆为萌汤；直至涌沸如腾波鼓浪，水气全消，方是纯熟。如初声、转声、振声、骇声，皆为萌汤；直至无声，方为纯熟。如气浮一缕、二缕、三四缕及缕乱不分，氤氲乱绕，皆为萌汤；直至气直冲贯，方是纯熟。蔡君谟因古人制茶

碾磨作饼，则见沸而茶神便发，此用嫩而不用老也。今时制茶，不假罗碾，全具元体，汤须纯熟，元神始发也。张源《茶录》

余友李南金云：《茶经》以鱼目、涌泉、连珠为煮水之节，然近世瀹茶，鲜以鼎镬，用瓶煮水，难以候视，则当以声辨一沸、二沸、三沸之节。又陆氏之法，以未就茶镬，故以第二沸为合量而下；未若以今汤就茶瓯瀹之，则当用背二涉三之际为合量，乃为声辨之。诗云："砌虫唧唧万蝉催，忽有千车捆载来。听得松风并涧水，急呼缥色绿瓷杯。"其论固已精矣。然瀹茶之法，汤欲嫩而不欲老，盖汤嫩则茶味甘，老则过苦矣。若声如松风涧水而遽瀹之，岂不过于老而苦哉。惟移瓶去火，少待其沸止而瀹之，然后汤适中而茶味甘，此南金之所未讲者也。因补一诗云："松风桧雨到来初，急引铜瓶离竹炉。待得声闻俱寂后，一瓶春雪胜醍醐。"罗大经《鹤林玉露》

李南金谓"当用背二涉三之际为合量"，此真赏鉴家言。而罗鹤林惧汤老，欲于松风涧水后移瓶去火，少待其沸止而瀹之，此语亦未中窍。殊不知汤既老矣，虽去火何救哉！罗廪《茶解》

评曰：《茶经》定汤三沸，而贵当时。《茶录》定沸三辨，而畏萌汤。夫汤贵适中，萌之与熟，皆在所弃。初无关于茶之芽饼也，今通人所论尚嫩，《茶录》所贵在老，无乃阔于事情耶？罗鹤林之谈，又别出两家外矣。罗高君因而驳之，今姑存诸说。

《茗笈》上篇赞评终。

下篇赞评

第九点瀹章

赞曰：伊公作羹，陆氏制茶，天锡甘露，媚我仙芽。

未曾汲水，先备茶具，必洁必燥。瀹时，壶盖必仰置，瓷盂勿覆。案上漆气、食气，皆能败茶。许次纾《茶疏》

茶注宜小不宜大，小则香气氤氲，大则易于散漫。若自斟酌，愈小愈佳。容水半升者，量投茶五分；其余以是增减。许次纾《茶疏》

投茶有序，无失其宜。先茶后汤曰下投；汤半下茶，复以汤满，曰中投；先汤后茶曰上投。春、秋中投，夏上投，冬下投。张源《茶录》

握茶手中，俟汤入壶，随手投茶，定其浮沉。然后泻以供客，则乳嫩清滑，馥郁鼻端，病可令起，疲可令爽。许次纾《茶疏》

酾不宜早，饮不宜迟。酾早则茶神未发，饮迟则妙馥先消。张源《茶录》

一壶之茶，只堪再巡。初巡鲜美，再巡甘醇，三巡意欲尽矣。余尝与客戏论：初巡为婷婷袅袅十三余，再巡为碧玉破瓜年；三巡以来，绿叶成阴矣。所以茶注宜小，小则再巡已终，宁使余芬剩馥尚留叶中，犹堪饭后供啜嗽之用。许次纾《茶疏》

终南僧亮公从天池来，饷余佳茗，授余烹点法甚细。予尝受法于阳羡士人，大率先火候，次候汤，所谓蟹眼、鱼目，参沸沫沉浮以验生熟者，法皆同。而僧所烹点，绝味清，乳面不黟，是具入清净味中三昧者。要之，此一味非眠云跂石人未易领略。余方避俗，雅意栖禅，安知不因是悟入赵州耶？陆树声《茶寮记》

评曰：凡事俱可委人，第责成效而已，惟瀹茗须躬自执劳。瀹茗而不躬执，欲汤之良，无有是处。

第十辨器章

赞曰：精行惟人，精良惟器，毋以不洁，败乃公事。

鍑音釜，以生铁为之，洪州以瓷，莱州以石。瓷与石皆雅器也，性非坚实，难可持久。用银为之，至洁，但涉于侈丽，雅则雅矣，洁亦洁矣，若用之恒，而卒归于铁也。陆羽《茶经》

山林隐逸，水铫用银，尚不易得，何况鍑乎。若用之恒，而卒归于铁也。闻龙《茶笺》

贵欠金银，贱恶铜铁，则瓷瓶有足取焉。幽人逸士，品色尤宜，然慎勿与夸珍炫豪者道。苏廙《仙芽传》

金乃水母，锡备刚柔，味不咸涩，作铫最良。制必穿心，令火气易透。许次纾《茶疏》

茶壶，往时尚龚春，近日时大彬所制，大为时人所重。盖是粗砂，正取砂无土气耳。许次纾《茶疏》

茶注、茶铫、茶瓯，最宜荡涤燥洁。修事甫毕，余沥残叶，必尽去之。如或少存，夺香散味。每日晨兴，必以沸汤涤过，用极熟麻布向内拭干，以竹编架覆而求之燥处，烹时取用。许次纾《茶疏》

茶具涤毕，覆于竹架，俟其自干为佳。其拭巾只宜拭外，切忌拭内。盖布帨虽洁，一经人手，极易作气，纵器不干，亦无大害。闻龙《茶笺》

茶瓯以白瓷为上，蓝者次之。张源《茶录》

人必各手一瓯，毋劳传送。再巡之后，清水涤之。许次纾《茶疏》

茶盒以贮茶，用锡为之。从大坛中分出，若用尽时再取。张源《茶录》

茶炉或瓦或竹，大小与汤铫称。罗廪《茶解》

评曰：镀宜铁，炉宜铜，瓦竹易坏。汤铫宜锡与砂，瓯则但取圆洁白瓷而已，然宜小。若必用柴、汝、宣、成，则贫士何所取办哉？许然明之论，于是乎迂矣。

第十一申忌章

赞曰：宵人栾栾，腥秽不戒，犯我忌制，至今为籍。

采茶、制茶，最忌手汗、膻气、口臭、多涕不洁之人及月信妇人。又忌酒气，盖茶酒性不相入，故制茶人切忌沾醉。罗廪《茶解》

茶性淫，易于染着，无论腥秽及有气息之物，不宜近，即名香亦不宜相杂。罗廪《茶解》

茶性畏纸，纸于水中成，受水气多，纸裹一夕，随纸作气尽矣。虽再焙之，少顷即润。雁荡诸山，首坐此病，每以纸帖贻远，安得复佳。许次纾《茶疏》

吴兴姚叔度言，茶叶多焙一次，则香味随减一次。予验之，良然。但于始焙极燥，多用炭箸，如法封固，即梅雨连旬，燥固自若。惟开坛频取，所以生润，不得不再焙耳。自四五月至八月，极宜致谨。九月以后，天气渐肃，便可解严矣。虽然，能不弛懈，尤妙尤妙。闻龙

《茶笺》

不宜用恶木、敝器、铜匙、铜铫、木桶、柴薪、麸炭、粗童恶婢、不洁巾帨及各色果实香药。张源《茶录》

不宜近阴室、厨房、市喧、小儿啼、野性人、童奴相哄、酷热斋舍。许次纾《茶疏》

评曰：茶犹人也，习于善则善，习于恶则恶，圣人致严于习染有以也。墨子悲丝，在所染之。

第十二防滥章

赞曰：客有霞气，人如玉姿，不泛不施，我辈是宜。

茶性俭，不宜广，广则其味黯淡。且如一满碗，啜半而味寡，况其广乎？夫珍鲜馥烈者，其碗数三，次之者碗数五。若坐客数至五，行三碗；至七，行五碗；若六人以下，不约碗数，但缺一人而已，其隽永补所缺人。陆羽《茶经》

按：《经》云，第二沸，留熟盂以贮之，以备育华、救沸之用者，名曰隽永。五人则行三碗，七人则行五碗，若遇六人，但缺其一。正得五人，即行三碗，以隽永补所缺人。故不必别约碗数也。闻龙《茶笺》

饮茶以客少为贵，客众则喧，喧则雅趣乏矣。独啜曰幽，二客曰胜，三四曰趣，五六曰泛，七八曰施。张源《茶录》

煎茶烧香，总是清事，不妨躬自执劳。对客谈谐，岂能亲莅？宜两童司之。器必晨涤，手令时盥，爪须净剔，火宜常宿。许次纾《茶疏》

三人以下，止爇一炉，如五六人，便当两鼎炉，用一童，汤方调适。若令兼作，恐有参差。许次纾《茶疏》

煮茶而饮非其人，犹汲乳泉以灌蒿莸。饮者一吸而尽，不暇辨味，俗莫甚焉。田艺蘅《煮泉小品》

若巨器屡巡，满中泻饮，待停少温，或求浓苦，何异农匠作劳，但资口腹，何论品赏，何知风味乎？许次纾《茶疏》

评曰：饮茶防滥，厥戒惟严，其或客乍倾盖，朋偶消烦，宾待解醒，则玄赏之外，别有攸施矣。此皆排当于阃政，请勿弁髦乎茶榜。

第十三戒淆章

赞曰：珍果名花，匪我族类，敢告司存，亟宜屏置。

茶有九难：一曰造，二曰别，三曰器，四曰火，五曰水，六曰炙，七曰末，八曰煮，九曰饮。阴采夜焙，非造也；嚼味嗅香，非别也；膻鼎腥瓯，非器也；膏薪庖炭，非火也；飞湍壅潦，非水也；外熟内生，非炙也；碧粉漂尘，非末也；操艰扰遽，非煮也；夏兴冬废，非饮也。陆羽《茶经》

茶用葱、姜、枣、橘皮、茱萸、薄荷等，煮之百沸，或扬令滑，或煮去沫，斯沟渠间弃水耳。陆羽《茶经》

茶有真香，而入贡者微以龙脑和膏，欲助其香。建安民间试茶，皆不入香，恐夺其真。若烹点之际，又杂珍果、香草，其夺益甚，正当不用。《茶谱》

夫茶中着料，碗中着果，譬如玉貌加脂，蛾眉着黛，翻累本色。
《茶说》

评曰：花之拌茶也，果之投茗也，为累已久，惟其相沿，似须斟酌，有难概施矣。今署约曰：不解点茶之侪而缺花果之供者，厥咎悭；久参玄赏之科而聩老嫩之沸者，厥咎怠。悭与怠，于汝乎有谴。

第十四相宜章

赞曰：宜寒宜暑，既游既处，伴我独醒，为君数举。

茶之为用，味至寒，为饮最宜精行俭德之人。若热渴、凝闷、脑痛、目涩、四肢烦、百节不舒，聊四五啜，与醍醐、甘露抗衡也。陆羽
《茶经》

《神农食经》："茶茗久服，令人有力、悦志。"陆羽《茶经》

《华陀食论》："苦茶久食，益意思。"陆羽《茶经》

煎茶非漫浪，要须人品与茶相得。故其法往往传于高流隐逸，有烟霞泉石、磊块胸次者。陆树声《煎茶七类》

茶候：凉台净室，曲几明窗，僧寮道院，松风竹月，晏坐行吟，清谈把卷。陆树声《煎茶七类》

山堂夜坐，汲泉煮茗。至水火相战，如听松涛，倾泻入杯，云光潋滟。此时幽趣，故难与俗人言矣。罗廪《茶解》

凡士人登临山水，必命壶觞，若茗碗薰炉，置而不问，是徒豪举耳。余特置游装，精茗名香，同行异室，茶罂、铫、钻、瓯、洗、盆、巾，附以香奁、小炉、香囊、匙箸。许次纾《茶疏》

评曰：《家纬真清》语云：茶熟香清，有客到门，可喜，鸟啼花落，无人亦自悠然。可想其致也。

第十五衡鉴章

赞曰：肉食者鄙，藿食者躁，色味香品，衡鉴三妙。

茶有千类万状，如胡人靴者，蹙缩然；犎牛臆者，廉襜然；浮云出山者，轮囷然；轻飙拂水者，涵澹然。有如陶家之子，罗膏土以水澄泚之；又如新治地者，遇暴雨流潦之所经；此皆茶之精腴。有如竹箨者，枝干坚实，艰于蒸捣，故其形筛筛然；有如霜荷者，茎叶凋阻，易其状貌，故厥状萎瘁然，此皆茶之瘠老者也。阳崖阴林，紫者上，绿者次；笋者上，芽者次；叶卷者上，叶舒者次。陆羽《茶经》

茶通仙灵，然蕴有妙理。罗廪《茶解·总论》

其旨归于色香味，其道归于精燥洁。张源《茶录·序》

茶之色重、味重、香重者，俱非上品。松罗香重，六安味苦，而香与松罗同；天池亦有草莱气，龙井如之，至云雾则色重而味浓矣。尝啜虎丘茶，色白而香，似婴儿肉，真精绝。熊明遇《罗岕茶记》

茶色白，味甘鲜，香气扑鼻，乃为精品。茶之精者，淡亦白，浓亦白，初泼白，久贮亦白，味甘色白，其香自溢。三者得，则俱得也。近来好事者，或虑其色重，一注之水，投茶数片，味固不足，香亦肻然，终不免水厄之诮。虽然，尤贵择水。香以兰花上，蚕豆花次。罗廪《茶解》

茶色贵白，然白亦不难。泉清瓶洁，叶少水洗，旋烹旋啜，其色自白。然真味抑郁，徒为目食耳。若取青绿，则天池、松萝及岕之最下者，虽冬月，色亦如苔衣，何足为妙！莫若余所收洞山茶，自谷雨后五日者，以汤薄浣，贮壶良久，其色如玉；至冬则嫩绿，味甘色淡，韵清气醇，亦作婴儿肉香，而芝芬浮荡，则虎丘所无也。熊明遇《罗岕茶记》

评曰：熊君品茶，旨在言外，如释氏所谓"水中盐味，非无非有"，非深于茶者，必不能道。当今非但能言人不可得，正索解人亦不可得。

第十六玄赏章

赞曰：谈席玄衿，吟坛逸思，品藻风流，山家清事。

其色缃也，其馨歆^{音备}也，其味甘，槚也，啜苦咽甘，茶也。陆羽《茶经》

《试茶歌》曰："木兰坠露香微似，瑶草临波色不如。"又曰："欲知花乳清泠味，须是眠云跂石人。"刘禹锡《试茶歌》

饮泉觉爽，啜茗忘喧，谓非膏粱纨绮可语，爰著《煮泉小品》，与枕石漱流者商焉。田艺蘅《煮泉小品》

茶侣：翰卿墨客，缁衣羽士，逸老散人，或轩冕之徒超轶世味者。陆树声《煎茶七类》

"茶如佳人"，此论虽妙，但恐不宜山林间耳。苏子瞻诗云"从来佳茗似佳人"，是也。若欲称之山林，当如毛女麻姑，自然仙风道骨，不浇烟霞。若夫桃脸柳腰，亟宜屏诸销金帐中，毋令污我泉石。田艺蘅《煮泉小品》

竟陵大师积公嗜茶，非羽供事不向口。羽出游江湖四五载，师绝于茶味。代宗闻之，召入内供奉，命宫人善茶者烹以饷师。师一啜而罢。帝疑其诈，私访羽召入。翌日，赐师斋，密令羽供茶，师捧瓯，喜动颜色，且赏且啜曰："此茶有若渐儿所为者。"帝由是叹师知茶，出羽相见。董逌跋《陆羽点茶图》

建安能仁院，有茶生石缝间，僧采造得八饼，号石岩白。以四饼遗蔡君谟，以四饼遣人走京师，遗王禹玉。岁余，蔡被召还阙，访禹玉。禹玉命子弟于茶笥中选精品饷蔡。蔡持杯未尝，辄曰："此绝似能

仁石岩白，公何以得之？"禹玉未信，索贴验之，始服。焦竑《类林》

东坡云：蔡君谟嗜茶，老病不能饮，日烹而玩之。可发来者之一笑也。孰知千载之下，有同病焉。余尝有诗云："年老耽弥甚，脾寒量不胜。"去烹而玩之者，几希矣。因忆老友周文甫，自少至老，茗碗薰炉，无时暂废。饮茶日有定期，旦明、晏食、禺中、餔时、下春、黄昏，凡六举。而客至烹点，不与焉。寿八十五无疾而卒。非宿植清福，乌能毕世安亨？视好而不能饮者，所得不既多乎！尝畜一龚春壶，摩挲宝爱，不啻掌珠，用之既久，外类紫玉，内如碧云，真奇物也。后以殉葬。闻龙《茶笺》

评曰：人论茶叶之香，未知茶花之香。余往岁过友大雷山中，正值花开，童子摘以为供，幽香清越，绝自可人，惜非瓯中物耳。乃予著《瓶史》，月表插茗花，为斋中清玩。而高濂《盆史》，亦载茗花，足以助吾玄赏。昨有友从山中来，因谈茗花可以点茶，极有风致，第未试耳，姑存其说，以质诸好事者。

外舅屠汉翁，经年著书种种，皆脍炙人口。大远不佞，无能更业也。其《茗笈》所汇，若采制、点瀹、品泉、定汤、藏茗、辨器之类，式之可享清供，读之可悟玄赏矣。请归杀青，庶展牍间，不待躬执而肘腋风生，齿颊荐爽，觉眠云跂石人相与晤言。馆甥范大远记。

《茗笈》品藻

品一　王嗣奭

昔人精茗事，自艺而采、而制、而藏、而瀹、而泉，必躬为料理。又得家童洁慎者专司之，则可。余家食指繁，不能给饔餐，赤脚苍头，仅供薪水。性虽嗜茶，精则无暇，偶得佳者，又泉品中下，火候多舛，虽胡靴与霜荷等。余贫不足道，即贵显家力能制佳茗，而委之僮婢烹瀹，不尽如法。故知非幽人闲士、披云漱石者，未易了此。夫季疵著《茶经》为开山祖，嗣后竞相祖述，屠幽叟先生撷取而评赞之，命曰《茗笈》，于茗事庶几终条理者。昔人苦名山不能遍涉，托之于卧游。

余于茗事效之，日置此笈于棐几上，伊吾之暇，神倦口枯，辄一披玩，不觉习习清风两腋间矣。

品二　范汝梓

予谪归，过幽叟，出《茗笈》相视。凡陆季疵《茶经》诸家笈疏，暨幽叟所自为评赞，直是一种异书。按《神农食经》：茗久服，令人有力悦志。周公《尔雅》：槚、苦荼。而伊尹为汤说，至味不及茗。《周礼·浆人》：供王六饮，不及茗。厥后杜毓《荈赋》、傅巽《七诲》，间一及之。而原之《骚》、乘之《发》、植之《启》、统之《契》，草木之佳者，采撷几尽，竟独遗茗何欤？因知古人不尽用茗，尽用茗自季疵始，一切世味，荤臊甘脆，争染指垂涎。此物面孔严冷，绝无和气。稍稍沾唇渍口，辄便唾去，畴则嗜之。咄咄幽叟，世有知味，必嗜茗，并嗜此笈。遇俗物，茗不堪与酪为奴，此笈政可覆酱瓿也。

品三　陈锁

夫茗，灵芽真笋，露液霜华，浅之涤烦消渴，妙至换骨轻身。藉非陆氏肇指于前，蔡、宋数家递阐于后，鲜不犯经所谓"九难"也者。幽叟屠先生，搜剔诸书，标赞系评，曰《茗笈》云。嗜茶者持循收藏，按法烹点，不将望先生为丹丘子、黄山君之俦耶？要非画脂镂冰，费日损功者可拟耳。予断除腥秽有年，颇得清净趣味，比获受读，甚惬素心。

品四　屠玉衡

幽叟著《茗笈》，自陆季疵《茶经》而外，采辑定品，快人心目，如坐玉壶冰唊，哀仲梨也者。幽叟吐纳风流，似张绪；终日无鄙言，似温太真。迹胃区中，心超物外。而余臭味偶同，不觉针水契耳。夫赞皇辨水，积师辨茶，精心奇鉴，足传千古，幽叟庶乎近之。试相与松间竹下，置乌皮几，焚博山炉，斟惠山泉，挹诸茗荈而饮之，便自羲皇上人不远。

（五）万邦宁《茗史》

万邦宁（1585—1646），字惟咸，自号须头陀，出身甬上大族万氏。据康熙《鄞县志》记载，字惟咸，后改名象，字象王，明代抗倭名将万表之孙。能诗文，好禅理，经常与雅士名僧交游，著有《象王诗文稿》。

《茗史》，收录于《四库全书存目丛书》，《四库全书总目提要》指出："是书不载焙造、煎试诸法，惟杂采古今茗事，多从类书撮录而成，未为博奥。"其实，《茗史》是撮录明代茶书《茶董》《茶董补》等同类茶书而成，内容是辑集有关茶事经验、习俗和茶叶风情韵事。《茶

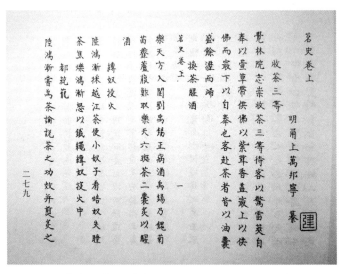

《茗史》书影（宁波图书馆陈英浩　提供）

董》是明代江阴人夏树芳辑集的一部茶书，收于《四库全书存目丛书》，《四库全书总目提要》对此书的评价是："编杂录南北朝至宋金茶事，不及采造、煎试之法，但摭诗句故实。然疏漏特甚，舛误亦多。其曰《茶董》者，以《世说》干宝为鬼之董狐，袭其文也。"《茶董补》是明代松江人陈继儒为《茶董》一书的补辑。据万邦宁《茗史·小引》所述，该书成书于明天启元年（1621）春天"积雨凝寒"的几天之中，从书"架上残编一二品"里"辄采"而成的。

茗史

小引

须头陀邦宁，谛观陆季疵《茶经》、蔡君谟《茶录》，而采择收制之法、品泉嗜水之方咸备矣。后之高人韵士相继而说茗者，更加详焉。苏子瞻云"从来佳茗似佳人"，言其媚也。程宣子云"香衔雪尺，秀起雷车"，美其清也。苏廙著《十六汤》，造其玄也。然媚不如清，清不如玄，而茗之旨亦大矣哉。黄庭坚云"不惯腐儒汤饼肠"，则又不可与学究语也。余癖嗜茗，尝舣舟接它泉，或抱瓮贮梅水。二三朋侪，羽客缁流，剥击竹户，聚话无生，余必躬治茗碗，以佐幽韵。固有"烟起茶铛我自炊"之句。

时辛酉春，积雨凝寒，偃然无事，偶读架上残编一二品，凡及茗事而有奇致者，辄采焉，题曰《茗史》，以纪异也。此亦一种闲情，固成一种闲书。若令世间忙人见之，必攒眉俯首，掷地而去矣。谁知清凉散，止点得热肠汉子，醍醐汁，止灌得有缘顶门，岂能尽恒河众而皆度耶？但愿蔡、陆两先生千载有知，起而曰："此子能闲，此子知茗。"或授我以博士钱三十文，未可知也。复愿世间好心人，共证《茗史》，并下三十棒喝，使须头陀无愧。

天启元年闰二月望日　万邦宁惟咸撰

惟咸著《茗史》，羽翼陆《经》，鼓吹蔡《录》，发扬幽韵，流播异闻，可谓善得水交茗战之趣矣。浸假而鸿渐再来，必称千古知己；君谟重遘，讵非一代阳秋乎？

点茶僧圆后识

茗史评

惟咸有茗好，才涉莽蔎嘉话，辄裒缀成编。腹中无尘，吻中有味，腕中能采，遂足情致。置一部几上，取佐清谈，不待乳浮铫沸，已两腋习习生风，何复须缥醪酒水晶盐。

仓海董大晟题

茗，仙品也，品品者亦自有品。固云林市朝，品殊不齐，酿鲜清苦，品品政自有别。惟咸钟傲烟萝，寄情篇什，饶度世轻，举志深知茗理，精于点瀹世外品也。爰制《茗史》，撷其奇而抉其奥，用为枕石漱流者助。余谓即等鸿渐之《经》、君谟之《录》，奚其轩轾。

社弟李德述评

《茗史》之作，千古余清，不弟为鸿渐功臣已也。且韵语正不在多，可无求备，佳叙闲情，逸韵飘然云霞间，想使史中诸公读一过，沁发茶肠，当不第七瓯而止。

全天骏

茗品代不乏人，茗书家自有制。吾友惟咸，既文既博，亦玄亦史，常令茶烟绕竹，龙团泛瓯，一啜清谈，以助玄赏，深得茗中三昧者也。因筑古之诸茗家，或精或幻，或癖或奇，汇成一编。俾风人韵士，了然寓目，不逮于今惧滥觞也。君其泠泠仙骨，翩翩俊雅，非品之高，乌为书之洁也哉。屠幽叟著《茗笈》，更不可无《茗史》，披阅并陈，允矣双璧。

友弟蔡起白

夫史以纪载实事，补缀缺遗。茗何以有史也？盖惟咸嗜好幽洁，尤爱煮茗，故汇集茗话，靡事不载，靡缺不补，实写自己冲襟，表前人逸韵耳。名之曰史有以哉。昔仙人掌茶一事，述自青莲居士，发自中孚衲子，以故得传，今惟咸著史于兹鼎足矣。

社弟李桐封若甫

卷　上

收茶三等

觉林院志崇，收茶三等。待客以惊雷荚，自奉以萱草带，供佛以紫茸香。盖最上以供佛，而最下以自奉也。客赴茶者，皆以油囊盛余沥而归。

换茶醒酒

乐天方入关，刘禹锡正病酒。禹锡乃馈菊苗虀、芦菔鲊，取乐天六斑茶二囊，炙以醒酒。

缚奴投火

陆鸿渐采越江茶，使小奴子看焙。奴失睡，茶焦烁。鸿渐怒，以铁绳缚奴，投火中。《蛮瓯志》

都统笼

陆鸿渐尝为《茶论》，说茶之功效并煎炙之法；造茶具二十四事，以都统笼贮之。远近顷慕，好事者家藏一副。

漏卮

王肃初入魏，不食羊肉酪浆，常饭鲫鱼羹，渴饮茶汁。京师士子见肃一饮一斗，号为漏卮。后与高祖会，食羊肉酪粥，高祖怪问之。对曰："羊是陆产之最，鱼是水族之长，所好不同，并各称珍。羊比齐鲁大邦，鱼比邾莒小国，惟茗与酪作奴。"高祖大笑，因此号茗饮为酪奴。

载茗一车

隋文帝微时，梦神人易其脑骨。自尔脑痛。忽遇一僧云："山中有茗草，煮而饮之，当愈。"服之有效。由是人竞采掇，赞其略曰：穷《春秋》，演"河图"，不如载茗一车。

汤社

五代时，鲁公和凝，字成绩，率同列递日以茶相饮，味劣者有罚，号为汤社。

石岩白

蔡襄善别茶。建安能仁院有茶，生石缝间，僧采造得茶八饼，号石岩白。以四饼遗蔡，以四饼密遣人走京师，遗王内翰禹玉。岁余，蔡被召还阙，访禹玉。禹玉命子弟于茶笥中选精品者以待蔡。蔡捧瓯未尝，辄曰："此极似能仁石岩白，公何以得之？"禹玉未信，索贴验之，乃服。

斛茗瘕

桓宣武时有一督将，因时行病后虚热，便能饮复茗，必一斛二斗乃饱，裁减升合，便以为大不足。后有客造之，更进五升，乃大吐。有一物出，如斗大，有口形，质缩绉，状似牛肚。客乃令置之于盆中，以一斛二斗复茗浇之，此物噏之都尽，而止觉小胀。又增五升，便悉混然从口中涌出。既吐此物，病遂瘥。或问之此何病？答曰：此病名斛茗瘕。

老姥鬻茗

晋元帝时，有老姥每日擎一器茗往市鬻之，市人竞买，自旦至暮，其器不减，所得钱散路傍孤贫乞人。人或执而系之于狱，夜擎所卖茗器，自牖飞出。

渔童樵青

唐肃宗赐高士张志和奴、婢各一人，志和配为夫妇，名之曰渔童、樵青。人问其故，答曰：渔童使捧钓收纶，芦中鼓枻；樵青使苏兰薪桂，竹里煎茶。

胡钉铰

胡生者以钉铰为业，居近白苹洲，傍有古坟，每因茶饮，必奠酬之。忽梦一人谓之曰："吾姓柳，平生善为诗而嗜茗，感子茶茗之惠，无以为报，欲教子为诗。"胡生辞以不能，柳强之曰："但率子意言之，当有致矣。"生后遂工诗焉，时人谓之胡钉铰诗。柳当是柳恽也。

茶茗甘露

新安王子鸾、豫章王子尚诣昙济上人于八公山。济设茶茗，子尚味之曰："此甘露也，何言茶茗。"

三弋五卵

《晏子春秋》：婴相齐景公时，食脱粟之饭，炙三弋五卵茗菜而已。

景仁茶器

司马温公偕范蜀公游嵩山，各携茶往。温公以纸为贴，蜀公盛以小黑盒。温公见之，惊曰：景仁乃有茶器。蜀公闻其言，遂留盒与寺僧。《邵氏见闻录》云：温公与范景仁共登嵩顶，由轘辕道至龙门，涉伊水，坐香山憩石，临八节滩，多有诗什。携茶登览，当在此时。

真茶

刘琨，字越石，与兄子兖州刺史演书云：吾体中愦闷，常仰真茶，汝可致之。

大茗

余姚人虞洪，入山采茗。遇一道士，牵三青牛，引洪至瀑布山，曰："吾丹丘子也，闻子善具饮，常思见惠，山中有大茗可以相给，祈子他日有瓯牺之余，乞相遗也。"洪因祀之，获大茗焉。

疗风

泸州有茶树，夷獠常携瓢置侧，登树采摘。芽叶必先衔于口中，其味极佳，辛而性热。彼人云：饮之疗风。

益蚕

江浙间养蚕，皆以盐藏其茧而缫丝，恐蚕蛾之生也。每缫毕，煎茶叶为汁，捣米粉溲之筛于茶汁中，煮为粥，谓之洗瓯粥，聚族以啜之，谓益明年之蚕。

入山采茗

晋孝武世，宣城人秦精，常入武昌山采茗。忽见一人，身长一丈，遍体生毛。率其腰至山曲丛茗处，放之便去。须臾复来，乃探怀中橘与精。精甚怖，负茗而归。

赵赞兴税

唐贞元，赵赞兴茶税，而张滂继之。长庆初，王播又增其数。大中裴休立十二条之利。

张滂请税

贞元中，先是盐铁使张滂奏请税茶，以待水旱之阙赋。诏曰可。是岁，得钱四十万。

郑注榷法

郑注为榷茶法，诏王涯为榷茶使，益变茶法，益其税以济用度，下益困。

瓯牺之费

陆龟蒙鲁望，嗜茶荈，置小苑于顾渚山下。岁入茶租十许，薄为瓯牺之费，自为《品第书》一篇，继《茶经》《茶诀》。

雪水烹茶

陶谷买得党太尉故妓，取雪水烹团茶，谓妓曰："党家应不识此。"妓曰："彼粗人安得有此。但能销金帐中浅斟低唱，饮羊羔儿酒。"陶愧其言。

榷茶

张咏令崇阳，民以茶为业。公曰："茶利厚，官将榷之。"命拔茶以植桑，民以为苦。其后榷茶，他县皆失业，而崇阳之桑已成。其为政知所先后如此。

七奠柈

桓温为扬州牧，性俭，每宴饮，唯下七奠柈茶果而已。

好慕水厄

晋时，给事中刘缟，慕王肃之风，专习茗饮。彭城王谓缟曰："卿不慕王侯八珍，好苍头水厄，海上有逐臭之夫，里内有学颦之妇，卿即是也。"

灵泉供造

湖州长城县啄木岭金沙泉，每岁造茶之所也。湖、常二郡，接界于此。厥土有境会亭，每茶时，二牧毕至。斯泉也，处沙之中，居常无水。将造茶，太守具仪注，拜敕祭泉，顷之发源，其夕清溢。供御者毕，水即微减；供堂者毕，水已半之；太守造毕，水即涸矣。太守或还旆稽留，则示风雷之变，或见鸷兽毒蛇木魅之类。商旅即以顾渚造之，无沾金沙者。

官焙香

黄鲁直一日以小龙团半铤，题诗赠晁无咎："曲几团蒲听煮汤，煎成车声绕羊肠。鸡苏胡麻留渴姜，不应乱我官焙香。"东坡见之曰："黄九怎得不穷。"

苏蔡斗茶

苏才翁与蔡君谟斗茶，蔡用惠山泉，苏茶少劣，用竹沥水煎，遂能取胜。竹沥水，天台泉名。

品题风味

杭妓周韶有诗名，好蓄奇茗，尝与蔡君谟斗胜，品题风味，君谟屈焉。

嗽茗孤吟

宋僧文莹，博学攻诗，多与达人墨士相宾主。堂前种竹数竿，畜鹤一只，遇月明风清，则倚竹调鹤，嗽茗孤吟。

吾与点也

刘晔尝与刘筠饮茶。问左右："汤滚也未？"众曰："已滚。"筠曰："佥曰鲦哉。"晔应声曰："吾与点也。"

清泉白石

倪元镇，性好洁，阁前置梧石，日令人洗拭。又好饮茶，在惠山中用核桃、松子肉和真粉成小块如石状，置茶中，名曰清泉白石茶。

茶庵

卢廷璧嗜茶成癖，号曰茶庵。尝畜元僧讵可庭茶具十事，时具衣冠拜之。

香茶

江参，字贯道，江南人，形貌清癯，嗜香茶以为生。

杀风景

唐李义山，以对花啜茶为杀风景。

阳侯难

侍中元义为萧正德设茗，先问："卿于水厄多少？"正德不晓义意，答："下官虽生水乡，立身以来，未遭阳侯之难。"举座大笑。

清香滑热

李白云：余闻荆州玉泉寺近清溪诸山，山洞往往有乳窟。窟中多玉泉交流，其水边处处有茗草罗生，枝叶如碧玉。惟玉泉真公常采而饮之，年八十余岁，颜色如桃花，而此茗清香滑热，异于他者，所以能还童振枯，扶人寿也。

仙人掌茶

李白游金陵，见宗僧中孚。示以茶数十片，状如手掌，号仙人掌茶。

敲冰煮茶

逸人王休，居太白山下，日与僧道异人往还。每至冬时，取溪冰敲其精莹者，煮建茗共宾客饮之。

铤子茶

显德初，大理徐恪尝以龙团铤子茶贻陶谷，茶面印文曰"玉蝉膏"。又一种曰"清风使"。

他人煎炒

熙宁中，贾青字春卿，为福建转运使，取小龙团之精者，为密云龙。自玉食外，戚里贵近，丐赐尤繁。宣仁一日慨叹曰：建州今后不得造密云龙，受他人之煎炒不得也。此语颇传播缙绅间。

卷　下

涤烦疗渴

常鲁使西蕃，烹茶帐中，谓蕃人曰："涤烦疗渴，所谓茶也。"蕃人曰："我此亦有。"命取以出，指曰："此寿州者，此顾渚者，此蕲门者。"

水厄

晋王濛，好饮茶，人至辄命饮之，士大夫皆患之。每欲往，必云"今日有水厄"。

伯熊善茶

陆羽著《茶经》，常伯熊复著论而推广之。李季卿宣慰江南，至临淮，知伯熊善茶，乃请伯熊。伯熊着黄帔衫、乌纱帻，手执茶器，口通茶名，区分指点，左右刮目。茶熟，李为歠两杯。既到江外，复请鸿渐。鸿渐衣野服，随茶具而入，如伯熊故事。茶毕，季卿命取钱三十文酬博士。鸿渐夙游江介，通狎胜流，遂收茶钱茶具，雀跃而出，旁若无人。

玩茗

茶可于口，墨可于目。蔡君谟老病不能饮，则烹而玩之。

素业

陆纳为吴兴太守时，卫将军谢安尝欲诣纳。纳兄子俶怪纳无所备，不敢问，乃私为具。安既至，纳所设唯茶果而已，俶遂陈盛馔，珍羞毕具。及安去，纳杖俶四十，云："汝既不能光益叔父，奈何秽吾素业。"

密赐茶茗

孙皓每宴席，饮无能否，每率以七升为限，虽不悉入口，浇灌取尽。韦曜饮酒不过二升，初见礼异，密赐茶茗以当酒。至于宠衰，更见逼强，辄以为罪。

获钱十万

剡县陈务妻，少寡，与二子同居。好饮茶，家有古塚，每饮必先祀之。二子欲掘之，母止之。但梦人致感云："吾虽潜朽壤，岂忘翳桑之报。"及晓，于庭中获钱十万，似久埋者，惟贯新耳。

南零水

御史李季卿刺湖州，至维扬，逢陆处士。李素熟陆名，即有倾盖之雅。因之赴郡，抵扬子驿，将饮，李曰："陆君善于茶，盖天下闻名矣，况扬子南零水又殊绝，可命军士深诣南零取水。"俄而水至，陆曰："非南零者。"既而倾诸盆，至半，遽曰："止，是南零矣。"使者大骇曰："某自南零赍至岸，舟荡覆半，把岸水增之，处士神鉴，其敢隐焉。"李与宾从皆大骇愕，李因问历处之水。陆曰："楚水第一，晋水最下。"因命笔口授而次第之。

德宗煎茶

唐德宗，好煎茶加酥、椒之类。

金地茶

西域僧金地藏，所植名金地茶，出烟霞云雾之中，与地上产者，其味复绝。

殿茶

翰林学士，春晚人困，则日赐成象殿茶。

大小龙茶

大小龙茶，始于丁晋公而成于蔡君谟。欧阳永叔闻君谟进龙团，惊叹曰："君谟士人也，何至作此事。"今年闽中监司乞进斗茶，许之；故其诗云："武夷溪边粟粒芽，前丁后蔡相笼加。争新买宠各出意，今年斗品充官茶。"则知始作俑者，大可罪也。

茶神

鬻茶者，陶羽形置炀突间，祀为茶神。沽茗不利，辄灌注之。

为热为冷

任瞻，字育长。少时有令名，自过江失志，既下饮，问人云："此为茶为茗？"觉人有怪色，乃自申明曰："向问饮为热为冷耳。"

卍字

东坡以茶供五百罗汉，每瓯现一卍字。

乳妖

吴僧文了善烹茶，游荆南高，季兴延置紫云庵，日试其艺，奏授"华亭水大师"，目曰乳妖。

李约嗜茶

李约性嗜茶，客至不限瓯数，竟日燕火执器不倦。曾奉使至陕州硖石县东，爱渠水清流，旬日忘发。

玉茸

伪唐徐履，掌建阳茶局。涕复治海陵盐政，监检，烹炼之亭，榜曰金卤。履闻之，洁敞焙舍，命曰玉茸。

茗战

孙可之送茶与焦刑部书：建阳丹山碧水之乡，月涧云龛之品，慎勿贱用之。时以斗茶为茗战。

茶会

钱仲文与赵莒茶宴，又尝过长孙宅，与郎上人作茶会。

龙坡仙子茶

开宝初，窦仪以新茶饷客，奁面标曰"龙坡仙子茶"。

苦口师

皮光业最耽茗饮。中表请尝新柑，筵具甚丰，簪绂丛集。才至，未顾樽罍而呼茶甚急。径进一巨觥，题诗曰："未见甘心氏，先迎苦口师。"众噱曰："此师固清高，难以疗饥也。"

龙凤团

欧阳永叔云：茶之品，莫贵于龙凤团。小龙团，仁宗尤所珍惜，虽辅臣未尝辄赐，惟南郊大礼致斋之夕，中书、枢密院各四人共赐一饼。宫人剪金为龙凤花草缀其上。嘉祐七年，亲享明堂，始人赐一饼，余亦恭与，至今藏之。

甘草癖

宣城何子华，邀客于剖金堂，酒半，出嘉阳严峻画陆羽像。子华因言："前代惑骏逸者为马癖；泥贯索者为钱癖；爱子者，有誉儿癖；

耽书者，有《左传》癖。若此叟溺于茗事，何以名其癖？"杨粹仲曰："茶虽珍，未离草也，宜追目陆氏为甘草癖。"一座称佳。

结庵种茶

双林大士，自往蒙顶结庵种茶。凡三年，得绝佳者，号圣阳花、吉祥蕊各五斤，持归供献。

搅破菜园

杨廷秀《谢傅尚书茶》：远饷新茗，当自携大瓢，走汲溪泉，束涧底之散薪，燃折脚之石鼎。烹玉尘，啜香乳，以享天上故人之意。愧无胸中之书传，但一味搅破菜园耳。

御史茶瓶

会昌初，监察御史郑路，有兵察厅掌茶。茶必市蜀之佳者，贮于陶器，以防暑湿。御史躬亲监启，谓之"御史茶瓶"。

汤戏

馔茶而幻出物像于汤面者，茶匠通神之艺也。沙门福全，长于茶海，能注汤幻茶成将诗一句。并点四瓯，共一绝句，泛乎汤表。檀越日造其门求观汤戏。

百碗不厌

唐大中三年，东都进一僧，年一百三十岁。宣宗问："服何药致然？"对曰："臣少也贱，不知药，性本好茶，至处惟茶是求，或饮百碗不厌。"因赐茶五十斤，令居保寿寺。

恨帝未尝

杜鸿渐《与杨祭酒书》云：顾渚山中紫笋茶两片，一片上太夫人，一片充昆弟同歠。此物但恨帝未得尝，实所叹息。

天柱峰茶

有人授舒州牧，李德裕遗书曰：到郡日，天柱峰茶，可惠三数角。其人献数十斤，李不受。明年，罢郡，用意精求，获数角，投李。李阅而受之，曰：此茶可以消酒毒，因命烹一瓯沃于肉食内，以银合闭之。诘旦，视其肉已化为水矣。众服其广识。

进茶万两

御史大夫李栖筠，字贞一。按义兴山僧有献佳茗者，会客尝之，芬香甘辣冠于他境，以为可荐于上，始进茶万两。

练囊

韩晋公滉，闻奉天之难，以夹练囊缄盛茶末，遣使健步以进。

渐儿所为

竟陵大师积公嗜茶，非羽供事不向口。羽出游江湖四五载，师绝于茶味。代宗闻之，召入供奉，命宫人善茶者饷师，师一啜而罢。帝疑其诈，私访羽召入。翌日，赐师斋，密令羽煎茶。师捧瓯，喜动颜色，且赏且啜，曰："有若渐儿所为也。"帝由是叹师知茶，出羽见之。

麒麟草

元和时，馆阁汤饮待学士，煎麒麟草。

白蛇衔子

义兴南岳寺，有真珠泉。稠锡禅师尝饮之，曰此泉烹桐庐茶，不亦可乎！未几，有白蛇衔子坠寺前，由此滋蔓，茶味倍佳。土人重之。

山号大恩

藩镇潘仁恭，禁南方茶，自撷山为茶，号山曰大恩，以邀利。

自泼汤茶

杜豳公悰，位极人臣，尝与同列言，平生不称意有三：其一为澧州刺史；其二贬司农卿；其三自西川移镇广陵，舟次瞿塘，为骇浪所惊，左右呼唤不至。渴甚，自泼汤茶吃也。

止受一串

陆贽，字敬舆。张镒饷钱百万，止受茶一串，曰：敢不承公之赐。

绿华紫英

同昌公主，上每赐馔，其茶有绿华紫英之号。

三昧

苏廙作《仙芽传》，载《作汤十六法》：以老嫩言者，凡三品；以缓急言者，凡三品；以器标者，共五品；以薪论者，共五品。陶谷谓：

"汤者，茶之司命。"此言最得三昧。

茗史赘言

须头陀曰：展卷须明窗净几，心神怡旷，与史中名士宛然相对，勿生怠我慢心，则清趣自饶。_{得趣}得趣

代枕、挟刺、覆瓿、粘窗、指痕、汗迹、墨癥，最是恶趣。昔司马温公读书独乐园中，翻阅来竟，虽有急务，必待卷束整齐，然后得起。其爱护如此，千函万轴，至老皆新，若未触手者。爱护

闻前人平生有三愿，以读尽世间好书为第二愿。然此固不敢以好书自居，而游艺之暇，亦可以当鼓吹。静对

朱紫阳云：汉吴恢欲杀青以写汉书，晁以道欲得公穀传，遍求无之。后获一本，方得写传。余窃慕之，不敢秘焉。广传奇正幻癖，凡可省目者悉载。鲜韵致者，亦不尽录。削蔓

客有问于余曰，云何不入诗词？恐伤滥也。客又问云，何不纪点瀹？惧难尽也。客曰然。客辩

独坐竹窗，寒如剥肤，眠食之余，偶于架上残编寸楮，信手拈来，触目辄书，因记代无次。随喜

印必精帘，装必严丽。精严

文人韵士，泛赏登眺，必具清供，愿以是编，共作药笼之备。资游
赘言凡九品，题于竹林书屋。

甬上万邦宁惟咸氏

（六）叶隽《煎茶诀》

叶隽，字永之，越溪（今浙江宁海）人，生平不详。

《煎茶诀》一书，国内不见著录流传，在日本则有用日文假名标注的汉字刻本两种：一是宝历（1751—1764）本，现藏大阪中央图书馆，二是明治戊寅（1878）刻本。现存的宝历本并非原刻本，而是宽政丙辰（1796）年的重刻增补本，有蕉中老衲序，及木孔恭后记。蕉中又

日本明治本《煎茶诀》
署名"清国　叶隽永之撰"

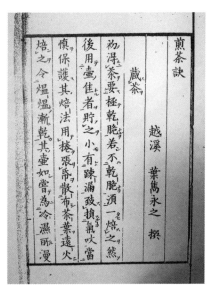

日本明治戊寅本《煎茶诀》
署名"越溪　叶隽永之撰"
（宁波图书馆陈英浩　提供）

署不生道人，即大典禅师（1719—1801），著述甚多，曾写过《茶经评说》，为《煎茶诀》增补了不少材料。木孔恭（1736—1802）为大阪著名儒商，收藏甚富，多珍本秘籍，本书的刊印当经其手。明治刻本是小田诚一郎训点的整理本，删去了蕉中增补的部分，还原了叶隽《煎茶诀》的原貌，并请当时的著名旅日华人王治本（慈溪人）作序，可说是精审而面目清爽的本子。本书以小田诚一郎训点的明治本为底本，以蕉中序宝历本和书中引用原文作校。明治本所增序言及插画（由王治本族弟王琴仙所绘），按体例移至补文之后。

煎茶诀

藏茶

初得茶，要极干脆。若不干脆，须一焙之，然后用壶佳者贮之。小有疏漏，致损气味，当慎保护。其焙法：用卷张纸散布茶叶，远火焙之，令煴煴渐干。其壶如尝为冷湿所漫者，用煎茶至浓者洗涤之，曝日待干、封固，则可用也。

择水

煎茶，水功居半。陆氏所谓"山水上，江水中，井水下"。山水，拣乳泉、石池涓涓流出者；江水，取去人远者；井，取汲多者佳也。然互有上下，品可辨也。有一种水，至澄而性恶，不可不择。若取水于远欲宿之，须以白石楠而泽者四、五，沉着或以同煮之；能利清洁。黄山谷诗"锡谷寒泉楠石俱"是也。楠石，在湖上为波涛摩圆者为佳，海石不可用。

洁瓶

瓶不论好丑，唯要洁净。一煎之后，便当辄去残叶，用棕扎刷涤一过，以当后用。不尔，旧染浸淫，使芳鲜不发。若值旧染者，须煮水一过，去之然后更用。

候汤

凡每煎茶，用新水活火，莫用熟汤及釜铫之汤。熟汤，软弱不应茶气；釜铫之汤，自然有气妨乎茶味。陆氏论"三沸"，当须"腾波鼓浪"而后投茶；不尔，芳烈不发。

煎茶

世人多贮茶不密，临煎焙之，或至欲焦，此婆子村所供，大非雅赏。江州茶尤不宜焙，其它或焙，亦远火煴煴然耳。大抵水一合，用茶可三分。若洗茶者，以小笼盛茶叶，承以碗，浇沸汤以箸搅之，漉出则尘垢皆漏脱去；然后投入瓶中，色、味极佳。要在速疾，少缓慢，则气脱不佳。如华制茶，尤宜洗用。

淹茶

华制茶，不可煎。瓶中制茶，以熟汤沃焉，谓之泡茶。或以钟，谓之中茶。中，钟音，通泡名，通瓶。钟者，《茶经》谓之淹茶。皆当先熻之令热，或入汤之后盖之；再以汤外溉之，则茶气尽发矣。

《煎茶诀》终

补：

茶具

苦节君湘竹风炉。建城藏茶箸笼。湘筠焙焙茶箱。盖其上，以收火气也；隔其中，以有容也；纳火其下，去茶尺许，所以养茶色香味也。云屯泉缶。乌府盛炭篮。水曹涤器桶。鸣泉煮茶罐。品司编竹为篓，收贮各品茶叶。沉垢古茶洗。分盈木杓，即《茶经》水则，每两升用茶一两。执权准茶秤，每一两，用水二升。合香藏日支茶瓶，以贮司品者。归洁竹筅帚，用以涤壶。漉尘洗茶篮。商象古石鼎。递火铜火斗。降红铜火箸，不用联索。团风湘竹扇。注春茶壶。静沸竹架，即《茶经》支腹。运锋镵果刀。啜香茶瓯。撩云竹茶匙。甘钝木砧墩。纳敬湘竹茶橐。易持易茶漆雕秘阁。受污拭抹布。

书斋

书斋宜明静，不可太敞。明静可爽心神，宏敞则伤目力。中庭列盆景、建兰之嘉者一二本，近窗处蓄金鳞五七头于盆池内，傍置洗砚

池一 。余地沃以饭沈、雨渍，苔生绿缛可爱。绕砌种以翠芸草令遍，茂则青葱欲浮。取薜荔根瘗墙下，洒鱼腥水于墙上，腥之所至，萝必蔓焉。月色盈临，浑如水府。斋中几、榻、琴、棋、剑、书、画、鼎、研之属，须制作不俗，铺设得体，方称清赏。永日据席，长夜篝灯，无事扰心，尽可终老。僮非训习，客非佳流，不得入。

单条画

高斋精舍，宜挂单条。若对轴，即少雅致，况四五轴乎？且高人之画，适兴偶作数笔，人即宝传，何能有对乎？今人以孤轴为嫌，不足与言画矣。

袖炉

书斋中薰衣、炙手对客常谈之具，如倭人所制漏空罩盖漆鼓，可称清赏。今新制有罩盖方圆炉，亦佳。

笔床

笔床之制，行世甚少。有古鎏金者，长六七寸，高寸二分，阔二寸余，如一架然。上可卧笔四矢。以此为式，用紫檀乌木为俗。

诗筒葵笺

采带露蜀葵，研汁用布揩抹竹纸上，伺少干，以石压之，可为吟笺，以贮竹筒，与骚人往来赓唱。昔白乐天与微之亦尝为之，故和靖诗有"带斑犹恐俗，和节不妨山"之句。

印色池

官、哥窑，方者，尚有八角、委角者，最难得。定窑，方池外有印花纹，佳甚；此亦少者。诸玩器，玉当较胜于瓷，惟印色池以瓷为佳，而玉亦未能胜也。

右（上）七项，载屠隆《考槃余事》中，聊采录以示诸君子。

《煎茶诀序》

夫一草一木，罔不得山川之气而生也，唯茶之得气最精，固能兼色、香、味之美焉。是茶有色、香、味之美，而茶之生气全矣。然所以保其气而勿失者，岂茶所能自主哉。盖采之，采之而后有以藏之。如获稻然，有秋收者，必有冬藏。藏之先，期其干脆也。利用焙藏之，须有以蓄贮也。利用器藏而不善，湿气郁而色枯，冷气侵而香败，原气泄而味变，气之失也，岂得咎茶之不美乎？然藏之于平时，以需用之于一时。而用之法，在于煎；张志和所谓"竹里煎茶"，亦雅人之深致也。瓷碗以盛之，竹笼以漉之，明水以调之，文火以沸之；其色清且碧，其香幽且烈，其味醇且和；可以清诗思，可以涤烦渴，斯得其茶之美者矣。是在煎之善。至若水，则别山泉、江泉；火，则详九沸、九变；器，则取其洁而不取其贵；汤，则用其新而不用其陈。是以水之气助茶之气，以火之气发茶之气，以器之洁不至污其气，以汤之新不至败其气。气得而色、香、味之美全矣。吾故曰："人之气配义与道，茶之气配水与火；水火济而茶之能事尽矣，茶之妙诀得矣。"友人以《煎茶诀》索序，予为详叙之如斯。

　　光绪戊寅六月谷旦。

浙东泰园王治本撰并书

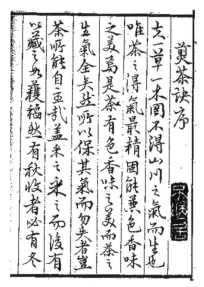

明治版《煎茶诀》王治本序（局部）

王琴仙插图《竹里闲情》

煎茶诀跋

山林绝区，清淑之气钟香露，芽发乎云液，使人恬淡是味。此非事甘脆肥酿者所得识也。夫其参四供，利中肠，破昏除睡，以入禅悦之味，乃所谓四悉檀之，益固可与道流者共已。叶氏之诀，得其精哉，殆缵竟陵氏之绪矣。

不生道人跋

茶诀一篇，语不多而要眇尽矣。命之剞劂以施四方君子云。时宝历甲申二月。

浪华蒹葭堂木孔恭识

（附蕉中补宝历本《煎茶诀》全文）

煎茶诀序

点茶之法，世有其式。至于煎茶，香味之间，不可不精细用心，非复点茶比。而世率不然。叶氏之《诀》，实得其要。犹有遗漏，顷予乘闲补苴，别为一本，以遗蒹葭氏。如或灾木，与好事者共之，亦所不辞。

丙辰孟冬　蕉中老衲识
森世黄书

煎
茶
诀

越溪　叶隽永之　撰
蕉中老衲　补

制茶

西夏制茶之法，世变者凡四：古者蒸茶，出而捣烂之或曰捣而蒸之，为团干置，投汤煮之如《茶经》所载是也余《茶经详说》备悉之。其后磨茶为末，匙而实碗，沃汤筅搅匀之以供。其后蒸茶而布散干之、焙之，是所谓"煎茶"也。后又不用蒸，直炒之数过，捻之使缩。及用实瓶如碗，汤沃之，谓之"泡茶""冲茶"。文公《家礼注》，不谙筅制。《五杂俎》曰："今之惟茶用沸汤投之，稍著火即色黄而味涩不中饮矣。"可知辗转而不复古也。吾日本抹茶、煎茶俱存而用之。抹茶，独出自宇治，盖不舍其叶，故极其精细。制造之法，宜抹而不宜煎。煎茶之制，所在有之，然江州所产为最。近好事者家制之，率皆用炒法，重芳烈故也。盖能其精良，不必所产，然非地近山者不为宜。若其制法，一一兹不详说。独《五杂俎》载，松萝僧说：曰茶之香，原不甚相远，惟焙者火候极难调耳。茶叶尖者太嫩，而蒂多老，火候匀时尖者已焦而蒂尚未熟；二者杂之，茶安得佳。松萝茶制者，每叶皆剪去尖蒂，但留中段，故茶皆一色；而功力烦矣，宜其价之高也。余以为此说，真制茶之要也。若或择取其尖而焙制之，恐最上之品也。

藏茶

初得茶，要极干脆。若不干脆，须一焙之，然后用壶佳者贮之。小有疏漏，致损气味，当慎保护。其焙法：用卷张纸散布茶叶，远火焙之，令煴煴渐干。其壶如尝为冷湿所侵者，用煎茶至浓者洗涤之，曝日待干、封固，则可用也。

择水

煎茶，水功居半。陆氏所谓"山水上、江水次、井水下"。山水，拣乳泉、石池涓涓流出者；江水，取去人远者；井，取汲多者是也。然互有上下，品可辨也。有一种水，至澄而性恶，不可不择。若取水于远欲宿之，须以白石楠而泽者四、五，沉着或以同煮之；能利清洁。黄山谷诗"锡谷寒泉楠石俱"是也石之在湖上为波涛摩圆者为佳，海石不可用。或曰汲长流水为汤，上装蒸露罐，取其露煮以用茶，尤妙。余未尝试，但恐软弱不适。有用瀑泉者，颇激烈不应；然则激烈、软弱，俱不可不择。

洁瓶

瓶不论好丑，唯要洁净。一煎之后，便当辄去残叶，用棕扎刷涤一过，以当后用。不尔，旧染浸淫，使芳鲜不发。若值旧染者，须煮水一过，去之然后更用。

候汤

凡每煎茶，用新水活火，莫用熟汤及釜铫之汤。熟汤，软弱不应茶气；釜铫之汤，自然有气妨乎茶味。陆氏论"三沸"，当须"腾波鼓浪"而后投茶；不尔，芳烈不发。

煎茶

世人多贮茶不密，临煎焙之，或至欲焦。此婆子村所供，大非雅赏。江州茶尤不宜焙，其他或焙，亦远火煴煴然耳。大抵水一合，用茶可重三、四分。投之滚汤，寻即离火，置须臾而供之。不尔，煮熟之，味生芳鲜之气亡；须别用汤瓶，架火候茶过浓加之。若洗茶者，以小笼盛茶叶，承以碗，浇沸汤以箸搅之，漉出则尘垢皆漏脱去；然后投入瓶中，色、味极佳。要在速疾，少缓慢，则气脱不佳。如唐制茶，尤宜洗用。

淹茶

唐茶舶来上者，亦为精细，但经时之久，失其鲜芳。肥筑间亦有称唐制者，然气味颇薄，地产固然。大抵唐制茶，不容煎。瓶中置茶，以热汤沃焉，谓之泡茶。或以钟，谓之中茶。中、钟音，通"泡"名，通瓶。钟者，《茶经》谓之"淹茶"。皆当先胁之令热，或入汤之后盖之；再以汤外溉之，则茶气尽发矣。

花香茶

有莲花茶者，就花半开者，实茶其内，丝匝拥之一宿。乘晓含露摘出，直投热汤，香味俱发。如兰茶，摘花杂茶，亦经宿而拣去其花片用之；并皆不用焙干。或以蒸露罐取梅露、菊露类，投一滴碗中，并佳。

（下删不生道人跋和木孔恭后记二条，见明治本文后所录）

（七）郑世璜《印锡种茶制茶考察报告》

郑世璜（1839—?），字蕙晨，慈溪慈城（今江北区慈城镇）人，光绪己卯（1879）科举人，生平未详。光绪三十一年（1905）前后，任江宁（今江苏南京）盐司督理茶政盐务的道台，1905年，奉南洋大臣、两江总督周馥之命，率浙海关副使英人赖发洛，翻译沈鉴，书记陆溁和茶司、茶工等九人，赴印度、锡兰考察种茶、制茶和烟土税则事宜，了解印度晒盐和税收法则。这次考察，于农历四月九日由上海乘轮船出发，至八月二十七日乘船回到上海，行程四个月又十九天。回国后，郑世璜向周馥和清政府农工商部呈递《印锡种茶制茶考察暨烟土税则事宜》《改良内地茶业简易办法》等多份条陈。其中关于印锡种茶制茶情况的报告，由农工商部乃至川东商务总局等多次翻印成册，与其所纂的《乙巳考察印锡茶土日记》一书，广为颁送和发行各茶商及各级茶务组织参阅。

《印锡种茶制茶考察报告》，对印、锡的植茶历史、气候、茶厂情况、茶价、种茶、修剪、施肥、采摘、产量、茶机、晾青、碾压、筛青叶、变红、烘焙、筛干茶、扬切、装箱、茶机价格、奖励、绿茶工艺以及制茶公司章程等，逐一作了具体介绍，是第一次对印、锡茶业的客观真实记录。该文首先在光绪三十一年（1905）十月，由《农学报》以《陈（郑）道世璜条陈印锡种茶制茶暨烟土税则事宜》为题连续发表。1906年，清政府农工商部将上述郑世璜两文及日记，以《乙巳考察印锡茶土日记》为题，印发各地，川东商务总局也翻印发给川东各县参考。除了《农学报》连载外，当时影响较大的公众媒体——

上海商务印书馆《东方杂志》，分别于1906年3月19日第3卷第2期、4月18日第3卷第3期，先后两次刊出《郑观察世璜上两江总督周条陈印锡种茶制茶暨烟土税则事宜》和《郑观察世璜上署两江总督周筹议改良内地茶叶办法条陈》，足见媒体及公众对此事的高度重视。之后，不仅清代有关部门一再翻印下发，就是民国以后，还是有单位校勘发行，以应社会需求。本文以上海市图书馆所藏的民国印本作底本，《农学报》所载题为《陈（郑）道世璜条陈印锡种茶制茶暨烟土税则事宜》作校对，参照郑培凯、朱自振主编，香港商务出版社2007年出版的《中国历代茶书汇编校注本》，将此文标题改为《印锡种茶制茶考察报告》。

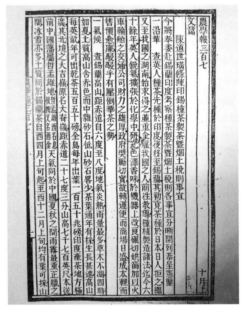

《印锡种茶制茶考察报告》书影（宁波图书馆陈英浩　提供）

印锡种茶制茶考察报告

谨将派员赴锡兰印度考察种茶制茶事宜分列条款呈览

沿革　查英人种茶，先种于印度，后移之锡兰。其初觅茶种于日本，日人拒之，继又至我国之湖南，始求得之。并重金雇我国之人，前往教导种植、制造诸法，迄今六十余年。英人锐意扩充，于化学中研究色泽香味，于机器上改良碾切烘筛，加以火车、轮舶之交通，公司财力之雄厚，政府奖励之切实，故转运便而商场日盛，成本轻而售价愈廉，骎骎乎有压倒华茶之势。

气候　查锡兰高山，距赤道自六度至八度，地气炎热，雨量最多，草木不凋，四时如夏。土质：高山含赤色而中杂砂石，低山砂石略少，茶叶通年有采，生长甚速。高山每英亩年可出干茶五百五十磅，全岛每年出茶一百五十兆磅。印度产茶地方极广，其北境之大吉岭，原名大脊岭，距赤道二十七度三分，山高七千七百英尺，本从前中国藩属哲孟雄地。哲孟雄，西名息根姆，又名西金。天气同于中国，夏秋之间，雨雾最重，正腊之间，冰雪亦多。土质同于锡兰。茶自西四月上旬起，至西十二月上旬，均有叶可采。山高三千八百英尺地，每英亩年可出干茶二百四十一磅；山高六千英尺以上地，每英亩年可出干茶一百九十七磅。每年全岭产茶之数，一千一百七十九万四千磅，合印度、锡兰两地，每年出干茶有三百五十兆磅之谱。

局厂　查锡兰岛，除海滨尽种椰树，北面平田尽栽禾稻外，其余高山之地，几尽辟茶园。茶厂大小有三百余所。大吉岭自西里古里山麓起至山巅，五十一英里，尽种茶树，茶厂有二十余处。制茶公司资本，至少三十万金至百万金。工人除山上采工外，厂内工人甚简。大约日制茶千磅之厂，厂内工人不过十二三名。日制茶三千磅之厂，厂内工人不过三十八九名。缘机制较人工省力悬殊也。

茶价　查印度、锡兰均制红茶。制绿茶厂，止一二处。色浓味强，西人嗜之。实则色淡而味纯者，亦颇宝贵。故上山高三千英尺至五六千英尺地方之茶，叶身柔嫩，味薄而香，故售价昂。下山高三百英尺至八九百英尺地方之茶，叶身粗大，味苦而厚，售价廉。茶分五等：一曰卜碌根柯伦治白谷，二曰柯伦治白谷，三曰卜碌根白谷，四曰白谷，五曰白谷晓种。盖"卜碌根"即好之义，"柯伦治"即上香译音，"白谷"即君眉译音，"晓种"即小种，皆本华茶旧名而分等次者。兹将锡印茶价列表如下：

锡兰茶价：

上等茶　约销三十兆磅　每磅价十本士

中等茶　约销六十七兆磅　每磅价八本士

次等茶　约销三十八兆磅　每磅价六本士半

下等茶　约销十五兆磅　每磅价五本士又四分之一

锡兰绿茶价：

统由茶商包买，不分等次，统扯每磅价卢比三角二分。

印度茶价：

一千九百零四年至零五年，印茶销于英京之数（每箱重一百磅）：

阿萨墨茶　计销六十三万二千零七十三箱　每磅价七本士九十二分

加卡尔茶　计销三十三万一千九百三十一箱　每磅价五本士六十二分

溪塔江茶　计销五千八百十四箱　每磅价五本士七十五分

车塔纳坡茶　计销一千九百四十四箱　每磅价五本士零四分

大吉岭茶　计销六万六千五百五十八箱　每磅价九本士十八分

独瓦耳茶　计销二十二万三千五百十三箱　每磅价五本士九十二分

康格拉茶　计销二百零四箱　每磅价四本士五十分

格理明茶　计销二万二千六百六十四箱　每磅价六本士六十六分

透拉勿茶　计销九千零二箱　每磅价五本士八十四分

透物哥茶　计销七万二千九十六箱　每磅价六本士六十三分

一千九百零三年至零四年之数：

阿萨墨茶　计销六十四万六千一百二十五箱　每磅价八本士四十三分

加卡尔茶　计销三十三万二千一百二十七箱　每磅价六本士四十七分

溪塔江茶　计销四千零七十八箱　每磅价六本士七十五分

车塔纳坡茶　计销一千五百零二箱　每磅价五本士八十九分

大吉岭茶　计销七万零六百九十六箱　每磅价九本士五十分

独瓦耳茶　计销二十万零三千八百五十五箱　每磅价六本士六十七分

康格拉茶　计销一千五百二十五箱　每磅价五本士九十四分

格理明茶　计销二万一千五百零六箱　每磅价六本士六十六分

透拉勿茶　计销一万零二十二箱　每磅价六本士五十二分

透物哥茶　计销八万零一百四十八箱　每磅价六本士六十三分

一千九百零四年至零五年印茶销于印京之数：

阿萨墨茶　计销十五万九千六百四十五箱　每磅价五本士八十分

加卡尔茶　计销十五万一千六百三十九箱　每磅价四本士七十五分

西来脱茶　计销十万零二千有十五箱　每磅价四本士六十分

大吉岭茶　计销五万一千三百八十五箱　每磅价七本士九十分

透拉勿茶　计销三万四千八百箱　每磅价四本士八十分

独瓦耳茶　计销十五万八千四百二十五箱　每磅价五本士二十五分

溪塔江茶　计销八千九百四十五箱　每磅价四本士八十分

车塔纳坡茶　计销三百七十七箱　每磅价三本士八十分

估马江茶　计销一千零三十七箱　每磅价四本士九十分

一千九百零三年至零四年之数：

阿萨墨茶　计销十三万一千九百七十六箱　每磅价六本士四十分

加卡尔茶　计销十四万零八百七十七箱　每磅价五本士三十五分

西来脱茶　计销十万零二千四百三十八箱　每磅价五本士

大吉岭茶　计销四万九千九百七十六箱　每磅价八本士十七分

透拉勿茶　计销三万二千零七十九箱　每磅价五本士十七分

独瓦耳茶　计销十四万零三百有四箱　每磅价五本士八十分

溪塔江茶　计销九千四百六十二箱　每磅价五本士十七分

车塔纳坡茶　计销八百七十一箱　每磅价四本士九十分

估马江茶　计销一千二百四十九箱　每磅价五本士

种茶　锡兰现种之茶计有两种：一曰阿萨墨茶_{东印度省名}，一曰变种茶。所谓变种茶者，即中国茶与阿萨墨茶种在一处时，被蜜蜂采蜜，将花质搀和而成，故名曰变种茶。阿萨墨茶，即从前印度之野茶，树杆有高至五英尺及三十英尺者，茶叶有长至九寸有奇者。较之中国茶树容易生长。其茶叶作淡绿色，其茶味较中茶浓，但香味不及中国茶，树身亦不及中茶树之坚。锡兰平阳之地，均种阿萨墨茶，其山之高处，夜间天气寒冷，大半多种变种茶。其先有西人之业茶者，在山高地方，将中国茶与阿萨墨茶种在一处，以便一同焙制，另成一种茶名。殊不知中国茶与阿萨墨茶所需之制法不同，故亦未收其效。至其种茶子之法，一如种稻谷然，先将茶子播种一处，俟阅八九月后，再为分种。至一年后，所生树枝已觉太长，便须剪去尖头，使生横枝，且须随时修剪。至三年后，即为初次大割。犹冬令之割树法。惟印、锡多割成平圆形。印度播种茶之法，在西历十一月，先将田一方垦至一尺之深，铺以肥土六寸，上面再加极细之土四寸，然后播种茶子，入土约深二寸。及至次年二三月，为之分种。每枝约距离四五寸，俾易滋生。至冬间再移种于茶林内，亦有待至后一年夏季移种者。一俟树身长有大指之粗，即须在冬间将树修短，自四寸至六寸许，俾得重苞横枝。计自播种至此，阅时三年，至第四年冬止，须将杪上之错枝稍为修齐。第五年又修至十四寸高，第六年又止，修齐树顶，第七年修至二十寸高。至第八年在采茶之前，须任其生长新枝，约六寸长。至此，树身方算长足。在未长足以前，似乎不宜采摘，致伤元气。至逐年修割，则宜使树身修直为佳。迨后树身过老，将行大割，则须将树身上所有之节疤，尽行割去。

剪割　剪割之义，为多生树叶起见。缘树枝愈老，则树叶之生长迟而且小，出产愈少，故剪割最宜注意。锡兰剪割之法：在平地，地气较热，易于滋生之处，每年割一次；在三四千尺高山上者，每二年割一次；在五六千尺高山上者，每三四年或五年割一次。其地势愈低，则剪割愈勤。因其易于滋生，茶汁必形淡薄，故不得不勤于剪割也。其割法，一俟树身长足后，即割去上身，约留树身高十二寸之谱，将中央小枝修去，以通风气，专留向外之横枝，俾滋生树叶。至第二次剪割时，比上次多留一二寸。割至四五次后，树身已觉太高，所割之处，疤节太多，树汁难于流转，亟宜将所有疤节尽行割去，并将其横枝修剪齐平，使之容易滋生。印度种茶家，亦以剪割为常法。其割至十八寸或十二寸，或竟低至一二寸者，多有。无非察树身之肥瘠，以酌其宜。其在剪割之前，采叶不可过多，致受损伤。树身瘠瘦者，尤必肥以野茶或蓖麻子饼之类，以扶养之。迨明年将树杪修至二十寸高，此一年内所生茶叶，约止采二成之谱。至秋后停长之时，仍将树枝修至二十六七寸高，再待来年树枝结实，即有佳茶采矣。惟是年冬又须修割，比上届大割应留高五六寸。据查以前茶林每年修割，比上届止留高一二寸。现年则间年一修割，在停割之年，止修齐树杪而已。大约茶树栽培合法，树身不至过高，可满二十年一大割。如其稍不经心，致有荒芜，则八九年即须一大割。

下肥　壅肥以壮田，通例也。锡兰土性苦瘠，茶叶长年苞发，地土之滋泽，易于告罄，故不得不极意讲求培壅。前者种茶家以土内所下之肥，有碍茶叶品性，今始知其未尽然；惟仍有数家，以不下肥为然。凡肥田，最壮之料莫过于六畜之骨。然锡兰非产畜之区，势不能全用畜骨，且价亦过昂，故揽以蓖麻子饼。计每树只须下数两重之肥质，盖树本专仗氮气以生发，而蓖麻子饼所含氮气最多，以之肥田，莫善于此。又有种茶专家，于茶林内揽种豆荚，即以荚梗埋于土内，或将所割茶树枝叶同埋于土，两者均可肥田。又有一种茶家，论及渠所种之茶树，每三年下肥，所费每亩约卢比五十元。每卢比，约合中国银五钱。此说较之锡兰各种茶家，未免太过。下肥之法，须将肥料壅于离树一尺左右之树根上，为最得其所。又或锄耘野草，即将所耘之草，埋于土内，藉作肥料。此种工作，包于采茶工家，计每月每英亩工价卢比洋一元。至于印度茶林，则野草任其生长，不似锡兰之锄耘尽净，以为野草亦可肥田。故于冬令将地面翻起九寸之深，即将野草埋在土内，作为肥料。此种工作，经费每英亩约卢比五元半，须人工三十日。即在夏令，亦须两次，将地耙松至三四寸深，将地面之草覆埋土内。其工价较冬令减半。茶林内亦有揽种豆荚者，至开花时即行割下，埋于土内作为肥料。此系夏间格外加工之事，所费每英亩约卢比八九元。惟在夏雨极多时，不能将地翻动，防为雨水冲去，故只好将地面野草割下，留于田间任其腐烂。其余如蓖麻子饼之肥料，亦不能废。如大吉岭则山势崎岖，种茶之区不得不垦为平台，如中国之山田然，深恐泥土被雨水冲刷，树根暴露而挑土垫补，所费殊不赀也。

采摘　茶叶栽割之后，须五六个月始能长叶。一俟新叶长有五六寸高，即将嫩头摘去。其法每人给与四寸长之小棍，令其摘至小棍一样长短。所摘嫩头，全系水质，不能制为茶叶。直至摘剩之新枝头上，生出秃叶一片，再由秃叶节间重发新叶，俟长有嫩叶三片，及头上之苞芽，方可将苞芽及新叶二片采下，是为新鲜茶叶。其第三片新叶留于枝上，以资再苞新芽。锡兰采茶次数，在平地每七天一次，在高至四千尺山上者，每十天采一次。惟头二茶及秋后之茶，不能如期。锡兰采茶，每人每日约能采至三十磅。如遇雨水多时，茶叶滋生较速，则每人每日约得采至五十磅之多。大吉岭采茶，如采中国茶，每日不过十二磅至十四磅；如采阿萨墨茶，每人每日能采至五六十磅。缘阿萨墨茶叶大，重量较大故也。至采茶工人，锡兰则以流寓之印度人为多。男人工资，每日卢比三角五分，女二角五分，大孩二角，小孩一角五分。大吉岭土人贫苦，采工尤廉，每月女人不过三卢比，小孩不过二卢比。采茶时候，每日早晨五下钟至下午四下钟止。有早晨六下钟至午后六下钟，中间停午餐一下钟者。此由各公司自定，并视茶山距厂之远近为准。凡茶山有二千英亩，约须采工七百人轮采。按定今日采东山一区，明日采北山一区，遇星期则周而复始。凡有数十人在一区采茶，必有工头一人，执鞭督饬。如采不合法暨玩笑滋闹者，则鞭责。此外复有经理之英人，乘汽车或自行车，不时往来巡视。总之，茶树本性采摘愈苛，苞发愈速，因之二茶本力已衰，生发必然减少，周年统计并无盈余，而树身业已受伤。故精于此业者，少采头茶，乃为上策。所谓蕴之愈久，其本力愈足，故茶叶乃愈佳也。

兹因大吉岭气候与中国相同，查得该处最佳之茶林，一英亩在去年所产之茶数列表于下：

西历三月三十一号	采新茶叶	六磅五
四月七号		二十磅
四月十四号		三十一磅
四月二十一号		三十六磅
四月三十号		四十磅
五月七号		十二磅四
五月十四号		四磅五
五月二十一号		八磅六
五月三十一号		十八磅五
六月七号		二十六磅
六月十四号		二十九磅四
六月二十一号		三十四磅二
六月三十号		四十四磅七
七月七号		三十五磅
七月十四号		三十四磅二
七月二十一号		三十七磅七
七月三十一号		四十六磅四
八月七号		三十磅
八月十四号		三十三磅二
八月二十一号		三十一磅
八月三十号		五十磅八
九月七号		三十三磅七
九月十四号		二十九磅二
九月二十一号		二十七磅
九月三十号		二十六磅一
十月七号		十三磅八
十月十四号		十七磅八

十月二十一号	十磅一
十月三十一号	二十一磅
十一月七号	十三磅
十一月十四号	六磅八
十一月二十一号	二磅四
十一月三十号	十磅
十二月七号	二磅七

以上共计茶叶八百二十四磅，计制干茶叶二百零六磅。因茶林内之茶树，大半都经大割未久，是以出产较少。据照寻常之数，应出干茶二百四十磅有奇。

机器 查印、锡之茶，成本轻而制法简，全在机器。机器分碾压、烘焙、筛青叶、筛干叶、扬切、装箱六种而贯以一。全轴运动，并可任便装拆。其全轴运动之引擎，则或借水力，或燃火油，或燃木柴与煤。大吉岭厂则用电。据称购电气公司之电，每下钟时不过十二安那，约合龙元五角有零。大约厂房在山涧之旁，可借水力运转机轮，省烧料之费。其余用火力，则马力小者，类用火油引擎；马力大者，类用柴煤锅炉。如邻近有电气公司，购用电力，则既省擦抹，又省监视也。兹将各种制法，分晰开列如下：

晾青 查印、锡茶厂，每日每人采到青叶，先在厂门外过磅，随即拣净叶茎，搬上厂楼，匀摊晾架，晾干水分。晾架多木框布地，或用木板。大吉岭则用铁丝网地。厂楼窗棂四面通风，间有作风轮电扇，以散热助凉，藉补天工者。每层楼房，置晾架十二三座。每座深处，接连三架。每架十五六格，每格距离八九寸，以能手臂伸进铺叶为度。茶叶采下拣净后，即匀铺于布格上，视叶之干湿，以分铺之厚薄，然后视天气之晴雨。如逢天晴，须将窗户关闭，勿为外面燥烈之气所侵。如遇天雨，须将烘茶炉内之热气打进晾房，再以风扇将热气重行送出，以资疏通。总之使房内燥湿得宜而已。新叶晾至二十四下钟最为合度，亦有晾至三十六下钟者。缘阅时太少，则须加热气以干之。茶叶势必燥而易碎，一放入碾茶机内，其大叶之茶汁，因之压去，即嫩叶之颜色，亦不鲜明矣。否则为时太久，则叶性改变而腐烂之气生，香厚之味顿形减损矣。新叶晾过之后，每百斤约得五十五斤。遇新叶稀少，有每百斤晾至七十五斤者，惟茶味未免稍次。晾茶一道，系制茶首要之端，须房屋宽敞，凉爽通气；而晾时之久暂，尤关色味之低昂，此则不可以不辨也。

碾压　茶叶晾过之后，即运至碾压机器，以碾揉之。碾揉之义，要使叶内包含茶质之细管络，全行揉碎，以便泡茶时易于发味，并使搓成一律之茶叶式样。搓时多少，各厂不同。有搓一下钟者，有搓至三下钟者。总之，茶叶粗，则搓时较久。惟搓至二三十分钟之后，即运至打茶机内，将搓成团块之茶叶重为打散，再运至筛机内将细嫩之叶筛出，另行搓卷，不再与粗叶同搓。盖深恐粗叶之茶汁，有碍细叶之清香味也。其搓茶机器，随时搓碾，逐渐将机上之盖向下压紧，使叶内之管络，全行搓碎。惟搓之既久，茶叶不无发热，故须将上盖不时提起，稍停数分钟，藉以透凉。初搓之时，机内装叶，不宜太满；上盖压力，不宜太重。因恐稍粗之叶为压力所阻，不能搓卷如式，致成扁叶，殊无足观，且将来烘干之后，易于破碎。惟稍粗之叶，虽不能如细叶之便于搓卷，而于酿色之时，叶片松而且大，易于透气，故叶色反比细叶鲜明。又有一说，如搓压之时过久，可以代酿色之工云。

按：碾压机器，形式如磨，有上方下圆者，有上下均圆者。下盘系木地铁框，平如桌面，惟磨处中凹。磨齿系钉木条，新式者钉铜条，复有盘上凿成眉形者。齿有疏密，疏恒十六，密恒三十二，视碾器之大小而定。中心有小方板一，以便启闭。上盘与磨形稍异，四围铁框，中空如罩，内容茶叶。大号可容二百五十磅，盘径较下盘小四分之一，适与下盘之中凹处合。上下相距，有螺旋可以松紧。上盘另有口门进茶叶。凡晾去水分之叶，用麻布漏斗，由楼上倾入碾机，将皮带移上滑车上盘运转，茶叶即在齿上回环上落碾揉。碾成后至三下钟时，可使液汁油然卷成均匀一律之条，旋从下盘抽去方板，茶自倾出。

筛青叶　该筛，木板为边框，铜丝为筛，孔系长方式。因叶经碾压，必生黏力，而成团块。该筛能理散团块，分出细嫩之叶。如粗大之叶筛不下者，应再碾压。

变红　凡湿叶经筛匀后，即用粗布摊地，或地上用三合土筑成高四寸之土台，将湿叶匀铺其上，厚约三寸，上盖湿布，惟须与茶叶相离寸余，使得凉气而不遭风吹。故湿布类用木框为边，以便架空。三下钟时，叶可变红。

烘焙　茶叶变红之后，即运至烘炉内烘焙。烘炉热度，约在二百二十度左右。茶叶约烘二十分钟之久，但热度亦有少至一百九十度，多至二百五十度者；烘时亦有过三十分钟之久者。惟炉内茶叶所受之热，终不及火表上之热度。盖新茶铺于铁网盘上，初进烘炉时叶质尚湿，一经热气，其水质立时蒸腾，而炉内之热气因之减少，有时甚至减去一百度之多。迫至茶叶渐燥，热度亦因之渐升。惟烘茶之法，须初时有极大之热度，使茶叶之外皮即时坚燥，以免走去叶内之原质。随后茶叶渐干，热度亦宜渐减，以防烘焦之患。至茶叶必铺在铁网盘中者，盖取其气之疏通，不至挤压太甚，致外焦而内尚潮湿也。

按：烘机上有上抽气、下抽气之别。下抽气系将湿茶铺盘内，推进焙房。通过盘口上顶，彼处便有新热空气由炉入叶。上抽气系将热空气抽过茶盘，从叶透过，旋由烟窗挟热气而出。烘盘有八盘、十二盘、十六盘不等，视焙房大小而定。每盘置青叶以四磅为率。每下钟，八盘机，能出干茶六七十磅；十二盘机，能出干茶八九十磅；十六盘机与十六盘边机，则能出干茶百磅至百二十磅。近有一种新式烘机，名白拉更，焙房内有铁丝格八层，湿茶倾入第一层，即自放热气入内，机轮运转，茶自一层以次落至八层，叶已烘干，并能于焙干时自放冷空气入叶，使茶出烘房绝无热气，而免暗收空中湿气之患。

筛干茶　该器与筛青叶器无异，惟筛孔分疏密或三层或四五层。上层网眼较粗，往下愈密。出茶口门分置各面，各口张以箱。茶置第一层，即逐层筛下，自分一、二、三、四、五号茶箱，不稍混淆。末层有箱板，存积茶灰，并置胶黏于旁，分出叶灰内之茶绒。西人作枕垫用。近有一种新式筛机，系螺旋形铁丝圆筒，网孔先粗后细，翻旋之际，能分茶为五等。

扬切　切机有多种，能使茶叶整齐，兼扬去尘灰。近有二种新式者，一为上装茶斗，旁有空槽之棍，周围有孔，下有刀口排列如齿者；一为槽与刀牝牡相衔者。凡过长及不齐之干叶，用此器截切，最便利。

装箱　凡制就之茶，装入茶箱，有重加烘燥再装以防受潮者。太松则恐泄气，太坚则辗转用力，茶碎质耗。故装箱有机。其法将空箱摆平架上，用轮旋紧，上架漏斗。机动斗摇，茶由斗口而下，茶箱因振动力匀，铺茶极齐，底面一律，四边平实，虽行万里，无摇松之患。

机价　凡转运引擎，约二十四马力者，每具连装箱运费，约银五千元以内。碾茶机，每次能容青叶三百磅者，每具连装箱运费，约银一千元。烘茶器，每下钟能出干茶八十磅者，每具连装箱运费，约银一千五百元。筛茶器，每日能筛五百磅者，每具连装箱运费，约银八百元。筛青叶器稍廉。切机，每具约银三百元。装箱机，每具约银一百五十元。

运道　查锡兰岛，铁道四通，马路尽辟，自高山至克朗坡埠，虽火车支路甚多，然运茶出口，不过十二下钟火车路。印度大吉岭铁道，直接加尔各答，虽内山马路不如锡山尽辟，而运茶出口，不过二十二下钟火车路。计每日采下之茶，至多阅三十六下钟晾干，三下钟碾就，三下钟变红，三下钟烘筛、扬切、装箱。不及三日，茶已制就，运输出口。

奖例　查印、锡茶叶，出口无税，政府每年酌给补助费。近因红茶已办有成效，又复尽力在锡兰滨海地方试造绿茶。新例，出绿茶若干磅，酌给若干银两以奖例之。兼之设有会馆、公所，于出口茶项下抽收经费，充作各报馆刊登告白及一切招徕之举。锡兰抽费，每百磅约龙元二角。印度抽费，每百磅约龙元八分。据印、锡两处经费，年约百万元左右云。

以上系制茶情形。

附锡兰绿茶

锡兰所制绿茶不多，市价亦不能起色。据业茶者云，绿茶一道，机制终不能胜于手工所制，故此间绿茶厂寥寥，其制法如下：

蒸叶　新叶采下之后，运至厂中，先行秤过，每二百磅作一堆。先以一堆置于四方形之箱内，中间留一空穴，以为蒸汽经过之处。即将蒸汽放入，约以九十五磅为度，后将机关拨动，使四方箱转动至极快之速率。约转一分钟之久，将蒸汽关闭，以前所放之蒸汽依旧留在箱内，再转一分半钟之久，然后开箱，将茶叶倒出。其色碧绿如故，惟叶片软而皱矣。

碾茶　碾茶之法，与碾红茶仿佛，惟将碾机之上盖揭去，接以无盖之木桶，以防茶叶倒出。桶底满镂小穴，使透热气。亦有上装风扇，以扇去热气者。俟第二堆新茶蒸过后，一并置于碾机内，同碾约二刻钟之久。碾机下置有一盘，以承溜下之水汁。再以藤框将盘内之水汁漏过，专留水汁内之浮沫，重又倾于所碾之茶叶上。盖因此种浮沫含有绿茶之苦味，不可弃也。

烘焙　茶叶碾过后，即铺于水门汀制成之土台上，以凉透为度。然后运至二百六十度热之烘炉内，历三刻钟之久，重置于无盖之碾机内，碾二十分钟，重复将碾盖盖上，使有压力，再碾二十分钟。然后运至切茶机内切成小片，用半寸径格眼之筛筛过，再运至二百四十度之热气炉内，烘二十五分钟。其筛内剩下之粗茶，再须以二百四十度之热炉烘二十五分钟，重复如前。再碾再切，以漏过筛格为度。

筛叶　所筛之茶，约分四等。一曰小种熙春，约百成之三十八成；曰熙春，约得三十八成；曰次号熙春，约得十四成；曰茶末，约得十成。

上色　绿茶制成后，须再以滑石粉及石膏少许拌和，如法上色。惟如何上色之法，因不准外人入内观看，殊难查悉。

按：以上锡兰、印度茶业情形，观之则印、锡红茶虽不能敌上品华茶，而以之较下等之茶，则不无稍胜，故销路已畅，且可望逐年加增。彼茶商之在中国及在外洋者，皆谓中国红茶如不改良，将来决无出口之日。推原其故，盖由西人日饮已用惯味厚价廉之印、锡茶，遂不愿再买同价之中国茶。虽稍有香气，亦所不取焉。盖印、锡茶之所以胜于中国者，虽由机制便捷，亦因得天时地利之所致。且所出之叶片较大于华茶，而茶商又大半与制茶各厂均有股份，自然乐买自己之茶，决不肯利源外溢。合种种之原因，结成日新月盛之效果。返观我国茶业，制造则墨守旧法，厂号则奇零不整，商情则涣散如沙，运路则崎岖艰滞。合种种之原因，结成日亏月耗之效果。近来英人报章，借口华茶秽杂，有碍卫生，又复编入小学课本，使童稚即知华茶之劣，印、锡茶之良，以冀彼说深入国人之脑筋，嗜好尽移于印、锡之茶而后已焉。我国若再不亟筹整顿，以图抵制，恐十年之后，华茶声价扫地尽矣。为今之计，惟有改良上等之茶，假以官力，鼓励商情，择茶事荟萃之区，如皖之屯溪，赣之宁州等处，设立机器制茶厂，以树表式，为开风气之先声。厂内制作，任茶商山户入内观看。厂中部以商规，痛除总办、提调、委员诸官气，实事求是，期年之后，商民见效果甚大，自然通力合作，除旧更新，将来产茶之地，遍立公司。由小公司以合成大公司，由大公司以合成总公司，结全国茶商之团体，握五洲茶务之利权，海外争衡，可操胜算。再能仿照制机，变通其意，集新法之长，补旧法所短，如碾机改牛马运动以代汽力，<small>缘碾机空者，一人之力可运动，置满茶叶，不过二匹马力可以运转。</small>烘机从木炭研求，以臻美备，<small>印、锡无银条木炭，止烧木柴，中国可以仍之，而变通其用法。</small>并设法装配磨粉机器，以便秋冬无茶之日，机制米麦等粉，而免停工待费之暗耗。精益求精，日新月盛之机，可翘足待也。

谨拟机器制茶公司办法大略二种：

公司集资本银二百万元。

不拘官商山户，均准附股。

山户无现银缴出者，可将现有茶山公断，照时价作附股之多少。

集资二百万元，以五十万元买山，除种茶外，可兼栽别种植物；以五十万置机器房栈，并制造等用；以一百万充后备之需用。

公司之茶，不宜在本国出售，以杜洋商舞弊，致定价高低，大权旁落于外人。

销茶最广之路，莫如英之伦敦。所有买卖之权，操诸五六经纪之手。总公司宜设上海，以便运输。分局宜设英之伦敦，并美之纽约，澳洲之雪梨等处。如仅在本国出售，则可免后备之款。

以上系一二百万银元公司办法。

公司集资本银十万元：

公司既系小试，则不能买山，宜批租若干年，或收买邻山生叶以省费用。

厂内置碾机六架，连装箱运费，约六七千元。如每架每日五次，每次二百磅，则每日可造生叶六千磅。烘机二架，连装箱运费约三千元。如每架每下钟烘干茶八十磅，每日作十下钟，能烘干茶一千六百磅。筛机六架，连装箱运费，约五千元。如每架每日能筛五百磅，每三架筛干叶，三架筛青叶，已足敷用。切机一架，约三百元。装箱机二架，约三百元。转运机二十匹马力者一架，约五千元以内。

以上机器每日采下六千磅茶，即日可以造成。建筑栈房及安置机器等费，约二万元以内，略计共费四万余元。

厂外批山租价　未定。

总局设在何处或搭庄代卖　房栈等未定。

制茶局用人员：正司事一，副司事一，司账二，司机器二，巡视茶山二，管理制造二，杂职六，计用十六人，年薪约万元以内。

每日采茶约六千磅，约用工人四百名，年计一百天，一年四万工，每工扯二角，计银八千元。

每日制茶约六千磅，约用工人八十名，年计一百天，一年八千工，每工扯三角，计银二千四百元。

以上约共银二万七千元左右。

每日采生叶六千磅，实制成茶一千五百磅，计一百天，制成茶十五万磅。每磅至少售价银三角，亦可得银四万五千元，除购机造厂等费银四万余元外，计共开销薪工等银二万七千元左右。又纳山租税约数千元，统算尚溢利万元有奇。如用资本银十万元，可获长年息银一分左右，倘茶价略高，费用略省，则不止此数也。

以上系十万元左右公司办法。

（八）虞世南《北堂书钞·茶篇》

虞世南（558—638），字伯施，越州余姚（今浙江省慈溪市观海卫镇）人。唐代书法家、诗人、凌烟阁二十四功臣之一。父虞荔，兄虞世基，叔父虞寄，均名重一时。虞寄无子，世南过继于他，故字伯施。少时与兄求学于顾野王，有文名；学书沙门智永，妙得其体，与欧阳询齐名，世称"欧虞"。初为隋炀帝近臣，官拜秘书郎、起居舍人。入唐为弘文馆学士，官至秘书监，封永兴县子（故世称虞永兴）。甚得唐太宗的敬重，死后赠礼部尚书，并绘像于凌烟阁。唐太宗曾诏曰："世南一人，有出世之才，遂兼五绝。一曰忠谠，二曰友悌，三曰博文，四曰词藻，五曰书翰。"

宋本《北堂书钞·酒食部三·茶篇八》书影

《北堂书钞》为虞世南在隋秘书郎任上，摘引群书中经史百家之典章故事，供文人撰文时采录参考，秘书省后堂又叫北堂，故名《北堂书钞》。全书分为帝王、后妃、政术、刑法、封爵、设官、礼仪、艺文、乐、武功、衣冠、仪饰、服饰、舟、车、酒食、天、岁时、地19部，共852类。由于此书成书早，辑录资料皆采自隋以前古籍，其中相当一部分已不传，故其文献价值颇高。《茶篇》属于《酒食部》，本书录文根据的是天津古籍出版社1988年出版的影印本，原书为清光绪十四年（1888）南海孔氏三十三万卷堂影宋刊本，由清代孙星衍、孔广陶等多名学者，根据影宋本校订。兹将该书记载的12则茶事引录如下：

芳冠六清，味播九区。张载诗云：芳茶冠六清，溢味播九区。今案：见百三家《张载集·登白菟楼》诗，陈俞本"白菟"作"成都"。

焕如积雪，晔若春敷。杜育《茶赋》云：瞻彼卷阿，实曰夕阳。厥生荈草，弥谷被冈。今案：陈俞本及《类聚》八十二，引《茶赋》作《荈赋》。严辑《杜育集》亦然；又俞本脱"瞻彼"二句；陈本改作"灵山惟岳，奇产所钟"。

调神和内，倦解慵除。又《茶赋》云：若乃淳染，真辰色缜。青霜□□□，白黄若虚。调神和内，倦解慵除。王石华校："懈"改"解"，"康"改"慵"。今案：严辑《杜育集·荈赋》同；陈俞本："倦"作"倦"，无注。

益气少卧，轻身能老。《本草经》云：苦草一名茶草，味苦，生川谷，治五藏邪气。严氏校：欲删"生川谷"三字，非也。今案：问经堂《本草经》："茶"作"荼"，陈本脱"一名"四字。

饮茶令人少眠《博物志》云：饮真茶，令人少眠睡。今案：陈俞本同；明吴琯校本、稗海本《博物志》脱；《御览》八百六十七引，脱"人"字。

愤闷恒仰真茶刘昆与兄子演书云：吾患体内愤闷，恒仰真茶，汝可信，信致之。今案：百三家本《刘昆集》及陈俞本"愤"作"烦"，"内"作"中"，又俞本"演"误"群"；陈本、百三家本及严辑本"仰"作"假"，本钞中改"内"，详本卷上文。

酉平皋卢裴渊《南海记》云：酉平县出皋卢，茗之别名，南人以为饮。今案：《御览》八百六十七引《南海记》："皋"作"皋"；陈俞本改注《广州记》，亦作"皋"。

武陵最好 《荆州土地记》：武陵七县通出茶，最好。今案：陈俞本同；《齐民要术》卷十引《荆州土地记》云：浮陵茶最好。

饮以为佳 《四王起事》云：惠帝自荆还洛，有一人持瓦盂承茶，夜莫上至尊，饮以为佳。严氏校：旁勒四字误矣。今案：《御览》八百六十七引《四王起事》，"洛"下有"阳"字，"一人持"作"黄门以"，无"夜莫"二字；陈俞本与《御览》同，惟"起"误"遗"。

因病能饮 《搜神记》云：桓宣武有一督将，行因病后虚热，更能饮，复茗必一斛二升乃饱。后有客造会，令更进五升，乃吐一物，状若牛脂，即疾差矣。王石华校："若"改"茗"。今案：学津讨原本《搜神记》及陈本，"行因"作"因时行"，"二升"作"二斗"，"脂"作"肚"。

密赐当酒 《吴志》云：孙皓每飨宴，韦曜不饮酒，每宴飨赐茶不过二升也。今案：《吴志》卷二十及本钞《酒篇》引略有异同，陈俞本脱，又陈本此下续增二十四条，均非旧钞所有。

饮而醉焉 《秦子》云：顾彦先曰：有味如醃，饮而不醉；无味如茶，饮而醉焉。醉人何用也？今案：陈本脱，俞本及玉函山房辑本"醃"作"臛"，"醉焉"作"醒焉"，余同；《意林》五引《秦子》作"醃"，作"醉焉"，与旧钞合，惟"无"误"其"，"茶"误"黍"，又收句脱"醉人用"三字。

以上"今案"之前应为虞世南摘编原文，"今案"之后为历代校订文字。《北堂书钞》成书于隋代大业年间（605—618），陆羽《茶经》初稿完成于761年，两者至少相差140余年，《北堂书钞·茶篇》可视为茶文化重要文献。

（九）叶知水《西北茶史》

　　叶知水（1914—1947），鄞县（今鄞州区）塘溪东山村人，宁波效实中学毕业后，就读安徽大学农学院，因抗战转四川大学农学院。1938年毕业后，历任中国茶叶公司财政部贸易委员会复兴商业公司主任技师，兼任复旦大学茶科教授，先后在黔、浙、皖、闽、赣各茶区，从事改进茶叶产制业务，并赴甘、宁、青、川、康各地考察边茶运销，在务川县老鹰山岩上调查时发现了十余棵高6米、干粗20厘米的野生乔木大叶茶，被载入当地史册。1946年任中央信托局专员，负

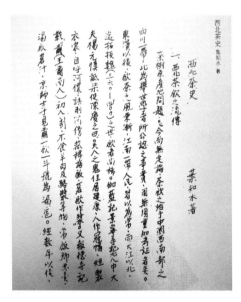

《西北茶史》书影（宁波图书馆陈英浩　提供）

责茶叶贸易业务，1947年5月病逝。著有《西北茶史》等专著及多篇茶文。

《西北茶史》一书，乃作者考察边陲、广辑文献写就西北茶叶大事年表基础上，探究西北地区茶叶政策及市场变迁而完成的专著。该书内容分成六篇，篇一远溯西北茶饮流传的历史，篇二概述历代西北茶叶贸业政策及其演变，篇三详论宋明清三代西北茶政的实施情况，篇四着重考察了左宗棠以票代引的茶政改革，篇五梳理了历代西北销茶产区销量及市场变迁，末篇是对西北茶叶至未来展望。该著述基于实地考察与地方文献考究相结合，考证严谨，叙述平实，反映出作者扎实的茶学研究功力和着眼于当下应用的治学旨趣。该书出版于1943年，被列为"古代五十种茶书之一"，是民国时期茶书的重要代表作。

二、当代篇

（一）人文 历史

　　姚国坤，1937年生，余姚人。著名茶研究及茶文化专家，曾任中国农业科学院茶叶研究所科技开发处处长、研究员、硕士研究生导师，2003年组建全国第一个应用茶文化专业（浙江树人大学内）并任负责人，2005年开始筹建全国第一所茶文化学院（浙江农林大学内）并任副院长，曾先后兼任过中国国际茶文化研究会常务副秘书长、中国茶叶流通协会专家委员会副主任、浙江茶叶学会副理事长、浙江茶文化研究会副会长等职。现为中国国际茶文化研究会学术委员会副主任、世界茶文化学术研究会（日本注册）副会长、国际名茶协会（美国注册）专家委员会委员。

　　20世纪70年代以来，曾赴马里共和国担任农村发展部茶叶技术顾问，赴巴基斯坦考察和建立国家茶叶实验中心，20余次组织和参加大型国际茶文化学术研讨会或论坛会；多次分赴日本、韩国、巴基斯坦、马里、马来西亚、新加坡等国家，以及香港、澳门地区教育、科研等单位进行学术交流，讲授茶及茶文化。从事茶及茶文化科研、教学工作近60载，4次获得省级、部级科技进步奖励，先后出版过茶及茶文化著作110余部，主编大专院校应用茶文化专业教材7部，公开发表学术论文260余篇，科普文章130余篇，被家乡余姚市人大常委会授予"爱乡楷模"称号，被中国农学会、中国林学会、中国科普作家协会等5个社团授予"有重大贡献的科普作家"称号，因在茶和茶文化方面做出的贡献，受到国务院表彰，享受国务院政府特殊津贴。

《中国茶文化学》

该书是姚国坤教授致力于茶及茶文化研究与实践近六十个春秋集大成之作。全书共分十三章，标题分别为"茶的源流""茶文化寻根""茶文化的发展历程""当代茶文化的复兴""茶文化与民生""茶文化与哲学""茶文化与经济""茶文化与旅游""茶文化与文学艺术""茶文化与生活""饮茶与风俗""茶文化与养生""茶文化走向世界"。作者以茶的自然科学

姚国坤著，中国农业出版社，2020年版

属性为起点，从梳理茶之源流开始，寻觅茶文化根脉及发展历程，由此进入茶文化的人文学科坐标系统，使读者得以观察茶文化与生活、风俗、养生之关系，研究茶文化与民生、旅游、艺文之互动融合，剖析茶在哲学、经济、政治、社会中的权重，前瞻茶文化走向世界的复兴之途，不但为中国茶文化学科建设做了实实在在的铺垫工作，开辟了新的蹊径，而且还为茶文化领域提供了概念清晰、持论有据的基础理论，最终集结成当代中国茶文化传承推广阵容中一部重要的读物。"当代十大茶人"之一的张天福先生生前为此书撰写的《序》中写道："《中国茶文化学》的出版，是茶文化界的一件大事，也是一件喜事。"该书计80余万字，附彩图近1000幅，内容丰富、理念清晰、资料翔实、框架齐全，是茶文化学科领域最新的一部重磅学术著作。

《世界茶文化大全》（上、下册）

为积极响应习近平总书记提出的建设新"丝绸之路经济带"和

"21世纪海上丝绸之路"的重大倡议，深入学习借鉴世界茶产业和茶文化的发展经验，促进文明交流和互鉴，更好融入"一带一路"，中国国际茶文化研究会把研究世界茶文化列入重大课题，由资深茶研究和茶文化专家姚国坤教授召集组织会内14位在茶文化领域具有国际影响力的专家、学者深入研究，参考海内外文献近120种，历时4年，编著出版了100万字的《世界茶文化大全》（上、下册）。该书在概述茶文

周国富主编、姚国坤执行副主编，
中国农业出版社，2019年版

化的起源、发展历程及历史贡献和现实意义的基础上，从中国茶和茶文化走向世界的方式与途径、世界茶文化的概貌、世界饮茶风情与特色、现存世界茶文化遗迹、世界茶具大观、世界茶文学与艺术、茶文化与政治法律、世界茶叶贸易和消费、茶叶标准与质量、茶与身心健康、茶文化与世界和谐等11个专题进行综合论述，语言生动、图文并茂，对世界茶文化的沿革和发展进行了系统阐释，是一部科学性与文化性兼容、自然科学与社会科学交叠，既反映前贤精论，又反映当代世界茶文化发展史实和科学研究的力作，同时也是一部实用工具书。

《图说世界茶文化》（上、下册）

茶，源于中国，兴于亚洲，惠及世界，不但是中国的国饮，而且成为全球最大众化、最有益于身心健康的绿色饮料，同时在发展进程中又形成了博大精深、雅俗共赏的世界茶文化。本书共分九个篇章，侧重以图说的方式，从茶文化在中国西南地区茶树原产地的起源开篇，介绍了陆路、海路、语音等多种向外传播的途径，之后的"产业篇"和"风情篇"，着重考察了亚、非、美、欧、大洋洲等世界各地的茶业经济和饮

茶风俗，"器具篇"介绍了世界各地在饮茶过程中所使用的制茶、饮茶用具，"遗迹篇""茶馆篇""文学篇""文化活动篇"重在展示遗存的宝贵物质资源、深厚的文化底蕴及丰富多彩的茶文化活动，"未来篇"则对世界茶产业、茶文化、茶旅游、茶经济的持续发展做了全景式描绘。全书图文并茂，并使用了中英双语文字，是一本较全面介绍古今中外茶历史文化的专著，适合中外茶文化爱好者、研究者参考学习。

姚国坤主编，中国文史出版社，
2012年版

《图说中国茶文化》（上、下册）

该书以图说的形式考述了中华茶文化上下五千年的光辉历史，其中重点介绍中华茶文化的起源与发展、六大茶类的演变与划分、科学饮茶与健康身心、茶道茶德的文化阐释、名茶名器的相得益彰、茶风茶俗的情趣盎然、茶情墨缘的千古流芳、茶政茶法的亲民时政、茶艺旅游的文化产业、茶事茶学的蓬勃发展、中华茶文化惠及世界以及倡导茶为国饮的继往开来等内容，以权威的知识和灵动的笔触融汇、阐发茶与民生、茶与文明、茶与和谐、茶与世界、茶与未来的关切与思考，是一道具有中国风格、体现中国智慧的茶文化精神美食。以这种通俗解说和图片展示的方式，介绍中国茶的历史、经济、文化、地理、民族、文学、

姚国坤主编，浙江古籍出版社，
2008年版

艺术、医学等全方位的知识，对于弘扬中国茶文化、倡导"茶为国饮"，促进茶业经济发展、构建和谐社会，起到积极的促进作用。

《图说浙江茶文化》

浙江是中国著名的茶乡，不仅诞生了茶经典《茶经》，而且也培育出"西湖龙井""瀑布仙茗"等名扬天下的名优茶，浙江也是产茶大省，茶园面积全国第三，茶叶产量全国第二，茶叶产值全国第一，绿茶出口占全国半壁江山，历史上的茶文化根底深厚，留存下诸多的茶文化人文景观和遗迹。为挖掘传承浙江数千年的茶文化，使其永葆活力、服务构建和谐社会与提升人民生活品质，中国国际茶文化研究会联合浙江省茶文化研究会，组织邀请省内茶文化专家和学者撰写了

姚国坤主编，西泠印社出版社，
2007年版

《图说浙江茶文化》。该书以分区展示的方式，图文并茂地介绍浙江11个地级市名茶的历史渊源、茶文化景观和人文遗迹，旁征博引、叙述生动，展示了各具特色的茶文化风土人情。插入了大量艺术照片，既赏心悦目，又增加了书的收藏价值。为了进一步推介浙江茶文化，该书还以中英文解说方式，以诗意的语言讲好浙江茶文化故事，是一部认识浙江茶文化、读懂浙江茶文化的人文读本。

《中国茶文化》

在人类历史发展长河中，茶一直伴随着炎黄子孙从原始社会走向现代文明，这就使茶不仅成为人们物质生活的必需品，而且成为人们精神生活的一大享受，甚至是文化艺术的一种品赏，从而逐渐形成了

姚国坤等编著，上海文化出版社，1991年版

茶礼、茶德、茶俗、茶道，乃至茶会、茶宴、茶禅、茶食等一整套道德风尚和民俗风情。同时，通过骚人墨客的加工，还为后人留下了许多与茶相关的诗词、歌舞、戏曲、故事、书画、雕刻等文学艺术作品，所有这些，构成了丰富多彩的中国茶文化的主要内容，使得茶文化成为中国传统文化的重要组成部分。该书从六个方面概述中国茶文化的多个侧面，从茶的发现、古今茶饮、茶类的演变及传播等多角度追溯茶文化之源，介绍了各地茶乡的迷人景观，及茶与宗教、与婚姻、与祭祀的特殊风情，在茶的品饮概述中，从水、火、器等方面阐释中华茶文化之悠久别致，茶与生活的内容则与读者分享茶馆、茶话会的变迁，茶疗的历史及茶艺茶礼、饮茶哲学的精髓，值得一提的是，该书特别梳理了茶文化在多种文艺体裁中的呈现，尤其是各种名茶的传说为世人津津乐道，此外还以简练的文字介绍了近30种历代茶学著作，是一部比较全面系统的中国茶文化著作。

《中国茶文化遗迹》

中华民族在茶的培育、制造和利用，茶文化的形成、传播和发展上，为世界留下了众多的茶文化遗迹，写下了光辉的历史篇章。这些茶文化遗迹，既是宝贵的中华茶文化的重要组成部分，也是不可再生和逆转的茶历史资源，更是人类的价值不可低估的一份文化遗产。搜集和发掘中国茶文化遗迹，进而进行整理和修复，这对繁荣茶文化事业，特别是对促进茶叶旅游经济的发展，既有现实作用，又有深远意义。在现存于世的中华茶文化遗迹中，有较大影响，又在历史上发挥过重大作用

姚国坤等著，上海文化出版社，
2004年版

的，至少还有近百处。在这些遗迹中，既有2 000年以前的名山皇茶园、邛崃文君井等，又有1 000年以前的天台山葛玄炼丹茗圃、长兴贡茶院、云南野生大茶树林、扶风法门寺地宫茶具、茶马古道、赵州观音院等，至于500年以上历史的茶文化遗迹，就为数更多。本书分门别类收录了89处中国茶文化遗迹，包括茶事井泉29处，茶韵寺观15处，古老茶山13处，茶所遗迹14处，纪茶碑刻5处，茶文物13处。作者用翔实的文献记载，辅以今日的摄影图片，图文并茂地历数了茶文化遗迹的历史渊源和人文典故，再现了中华茶文化的深厚人文底蕴，让读者在读懂中华几千年茶文化内涵的过程中，体味先民的无穷智慧和力量。

《茶圣·〈茶经〉》

茶圣陆羽是中国茶文化发展史上一个具有划时代意义的人物，但身世迷雾重重，历来各有说法；《茶经》是中国茶叶发展史上彪炳千秋的不朽之作，但辗转传抄，历经千年，对其书其文误解颇多。为解决这两个茶文化研究上的基础性问题，本书作者在大量搜集、考证资料的基础上，给出了比较中肯的解答。全书分为三编，上编"茶圣陆羽"辨析介绍了茶圣陆羽的生平履历，揭示了他从一个寄养寺院的小儿成长为一代

姚国坤编著，上海文化出版社，
2010年版

茶学圣人的坎坷经历，及对茶学研究的矢志不渝和做出的历史性贡献；中编"《茶经》诠释"选择精良版本，对《茶经》全文进行翻译诠释，整理出比较完善的现代文阅读文本，还就《茶经》的版本、历史地位及现实意义给予了充分的说明；下编"《茶经》答疑"对《茶经》中一些技术性较强或者当今已经失传的技术内容结合作者的实践所得，给予剖析与阐述，如择水的依据、制茶的要点、煮茶的难点等都有详细的讲解。全书文笔生动细腻，配以图片资料，不仅有助于理解《茶经》具体内容，更增添了阅读的闲适，是一部了解和研究茶圣陆羽及《茶经》的高质量科普读物。

《中国名优茶地图》

名优茶是指具有一定知名度的优质茶，通常具有独特的外形和色、香、味俱佳的品质，也称为名茶和优质茶，统称名优茶。它的形成往往有一定的历史渊源，或者有一定的人文地理条件，再加上得天独厚的生态环境、优良的茶树品种、科学的栽培管理、严密的采收标准、精致的加工技术等，相辅相成，缺一不可。茶树这种山茶科的常绿乔灌木，出现在地球上已有六七千万年，后来被我们华夏祖先发现并加以利用。这一古老的农作物，原本生长在中国西南地区多雨潮湿的高山原始森林之中，经过了数千年的进化，逐渐形成

姚国坤著，上海文化出版社，2013年版

了喜温、喜湿、耐阴的习性。至今我国茶树主要生长在江南丘陵山区一带，这些地区有着产茶的天然环境和地理条件，正好适应了茶树的生长需要。优越的自然地理条件、悠久的茶文化历史，决定了这些地区发达的茶叶生产，也决定了这些地区必然产生优质的名茶。本书按照地理分

布，详细介绍了6大茶叶品类，20个产茶省区，127种名优茶的历史渊源、生产工艺及沏泡、鉴赏艺术等，这些名优茶南起北纬18°的海南榆林、北抵北纬37°的山东青岛、西自东经94°的西藏易贡、东至东经122°的台湾东海岸，地跨热带、亚热带和温带，覆盖了中国所有产茶省区，构成了一幅中国茶的自然人文地图。

《惠及世界的一片神奇树叶》

茶及茶文化是中华农业文明的结晶，源远流长，发展至今，已有数千年历史，并在不断传承创新中，茶的功用不断扩大，茶文化的内涵不断延伸，已成为全人类的共同财富。本书论述涉及上下七千年，纵横千万里。作者以历史的视角、翔实而丰富的资料，对茶文化进行纵的断代剖析，梳理出茶兴于唐，盛于宋元，重要发展在明清，曲折走过近代，再铸新辉煌于现代的中国茶文化历史特征，其中唐代陆羽《茶经》的问世在茶文化史上具有划时代意义，宋代帝王建立了苛严而规范的茶政、茶法制度，明清

姚国坤编著，中国农业出版社，2015年版

士大夫、画家、作家留下了弥足珍贵的茶文化历史遗产；作者又以横的视野，点出了中国这一片神奇树叶漂洋过海，从陆地通向邻国，在海上环球远航，终于在广袤的五大洲生根发芽，成为地球上六十多亿人口近半数人群不可或缺的饮料的伟大变迁，以及茶对外交历史、时代政治和多元文化的交流互鉴所发挥的重大作用，并对未来世界茶文化发展作出了立体而美好的展望。此外，本书还鸟瞰式地向读者展示了各国魅力多彩的饮茶习俗和琳琅满目的各式茶器。全书文笔流畅、

叙事条分缕析，荦荦大端，材料翔实，论证严谨，是一部集茶和茶文化大观的心血之作。

附 姚国坤编著图书目录（1984—2021年）

一、编著图书

序号	书　名	出版单位	著作方式	出版日期	备注
1	中国茶文化	上海文化出版社	合著	1991	
2	茶的典故	农业出版社	合著	1991	
3	饮茶的科学	上海科技出版社	合著	1987	
4	茶叶优质原理与技术	上海科技出版社	合著	1985	
5	中国茶树栽培学	上海科技出版社	参编	1986	特约编辑
6	种茶	浙江科技出版社	合著	1984	
7	中国茶文化	台北洪叶文化出版	合著	1994	
8	饮茶的科学	台湾渡假出版社	合著	1990	
9	中国古代茶具	上海文化出版社	合著	1998	
10	茶树栽培	气象出版社	合著	1992	
11	饮茶习俗	中国农业出版社	合著	2003	
12	茶文化概论	浙江摄影出版社	独著	2004	
13	学会中国饮茶习俗的第一本书	台湾宇河文化出版社	合著	2004	
14	龙井茶	中国轻工业出版社	独著	2005	
15	名山名水与名茶	中国轻工业出版社	合著	2006	
16	茶文化学	中国农业出版社	参编	2000	

序号	书　　名	出版单位	著作方式	出版日期	备注
17	茶在马里	《茶叶动态》（专刊)	独著	1984	
18	新茶园开辟与管理	中国农业科学院茶叶研究所	合著	1987	
19	《茶经》解读与点校	上海文化出版社	合著	2003	
20	茶树高产优质栽培新技术	金盾出版社	合著	1990	
21	茶艺基础百说	浙江摄影出版社	独著	2004	
22	图说中国茶	上海文化出版社	合著	2006	
23	茶树栽培技术	中国农业科学院茶叶研究所	合著	1982	
24	世界茶业100年	上海科技教育出版社	参编	1995	
25	第五届国际茶文化研讨会会刊	中国国际茶文化研究会	主编	1998	
26	实用茶艺图典	上海文化出版社	合著	2000	
27	中华茶文化	日本千叶出版社	合著	2000	
28	中国茶文化大全	日本农山文化协会出版	合著	2001	
29	中国茶文化遗迹	上海文化出版社	合著	2004	
30	中国茶文化	日本（株）梓书院	合著	2003	
31	中国茶与健康	中国对外经济与贸易出版社	合著	1993	
32	茶与文化	春风出版社	合著	1985	
33	中国茶文化	上海文化出版社	合著	2001	
34	学会中国饮茶习俗	台北宇河文化出版	合著	2004	
35	茶风·茶俗·茶文化	台北知青频道出版社	合著	2009	
36	图说中国茶文化	浙江古籍出版社	独著	2007	上、下册

序号	书　名	出版单位	著作方式	出版日期	备注
37	清代茶叶对外贸易	澳门民政总署文化体育部制作	合著	2007	
38	图说中国茶	香港万里机构万里书店	合著	2007	
39	西湖龙井茶	上海文化出版社	独著	2008	
40	科学饮茶　有利健康	浙江古籍出版社	合著	2008	
41	2009中国·浙江绿茶大会论文集	中央文献出版社	主编	2009	
42	家庭用茶	上海文化出版社	合著	2009	
43	饮茶保健康	上海文化出版社	合著	2010	
44	中国国际茶文化研讨会论文集	中国国际茶文化研究会	主编	2007	
45	文化鉴赏大成	上海文化出版社	参编	1995	
46	茶艺师	浙江科学技术出版社	合著	2008	
47	中国茶事典	日本勉诚出版株式会社	参编	2007	
48	2008第十届国际茶文化研讨会论文集	浙内图准字（2008）第96号	主编	2008	
49	第十一届国际茶文化研讨会论文集	中央文献出版社	主编	2010	
50	《茶圣·〈茶经〉》	上海文化出版社	独著	2010	
51	茶及茶文化21讲	上海文化出版社	合著	2010	
52	唯茶是求·茶及茶文化又21讲	上海文化出版社	合著	2013	
53	历代茶诗集成·唐代卷	上海文化出版社	合著	2014	
54	历代茶诗集成·宋代卷·金代卷	上海文化出版社	合著	2014	上、中、下册

序号	书　名	出版单位	著作方式	出版日期	备注
55	惠及世界的一片神奇树叶	中国农业出版社	独著	2015	
56	中国名优茶地图	上海文化出版社	独著	2013	
57	图说世界茶文化	中国文史出版社	独著	2012	上、下册
58	图说浙江茶文化	西泠印社出版社	独著	2007	
59	享受中国茶	上海文化出版社	合著	2001	
60	饮茶健身全典	上海文化出版社	合著	1995	
61	享受饮茶	农村读物出版社	合著	2003	
62	饮茶悟养生	世界图书（西安）出版公司	合著	2014	
63	中华茶史·现当代卷	陕西师范大学出版社	主编	出版中	
64	中国茶文化学	中国农业出版社	独著	2020	
65	一千零一叶	上海文化出版社	合著	2016	
66	世界茶文化大全	中国农业出版社	执行副主编	2019	上、下册
67	中国十大茶叶区域公用品牌之西湖龙井	中国农业出版社	合著	出版中	
68	世界饮茶风情	上海文化出版社	合著	出版中	
69	中国茶经	上海文化出版社	参编	1992	编辑组成员
70	中国茶叶大辞典	中国轻工业出版社	参编	2008	
71	圆梦一杯茶	中国农业出版社	合著	出版中	

二、主编丛书

1. 主编大专院茶文化专业教材（共6册）

（1）《茶文化概论》，浙江摄影出版社，2004

（2）《茶叶加工技术与设备》，浙江摄影出版社，2005

（3）《茶业经营与管理》，浙江摄影出版社，2005

（4）《茶叶对外贸易实务》，浙江摄影出版社，2005

（5）《茶的营养与保健》，浙江摄影出版社，2005

（6）《茶树种植》，浙江摄影出版社，2007

2. 主编《茶与"三教"丛书》（共3册）

　　（1）茶与佛教，上海文化出版社，2014

　　（2）茶与道教，上海文化出版社，2014

　　（3）茶与儒教，上海文化出版社，2014

3. 主编《中国茶文化丛书》（开放性丛书，已出版12册）

　　（1）《陆羽〈茶经〉简明读本》，中国农业出版社，2017

　　（2）《茶席艺术》，中国农业出版社，2018

　　（3）《大唐宫廷茶具文化》，中国农业出版社，2017

　　（4）《茶文化的知与行》，中国农业出版社，2019

　　（5）《饮茶健康之道》，中国农业出版社，2018

　　（6）《中国茶艺文化》，中国农业出版社，2018

　　（7）《茶文化旅游》，中国农业出版社，2019

　　（8）《茶学名师拾遗》，中国农业出版社，2019

　　（9）《茶叶质量安全与消费指南》，中国农业出版社，2020

　　（10）《安茶史话》，中国农业出版社，2020

　　（11）《中国茶事通论》，中国农业出版社，2022

　　（12）《问茶衢州：北纬30°的茶汤之味》，中国农业出版社，2023

4. 主编《中国十大茶叶区域公用品牌》（共10册，已出版2册）

　　（1）《普洱茶》，中国农业出版社，2021

　　（2）《信阳毛尖》，中国农业出版社，2022

5. 总编《中国茶文化系列丛书》（共6册）

    （1）《茶韵故事》，大连海事大学出版社，2018

    （2）《茶韵生活》，大连海事大学出版社，2018

    （3）《茶韵丝路》，大连海事大学出版社，2018

    （4）《茶韵品鉴》，大连海事大学出版社，2018

    （5）《茶韵雅器》，大连海事大学出版社，2018

    （6）《茶韵诗情》，大连海事大学出版社，2018

6. 总编《世界茶文化学术研究丛书》（共3册）

    （1）《陆羽＜茶经＞研究》，中国农业出版社，2014

    （2）《荣西＜吃茶养生记＞研究》（日文版），日本宫带出版社，2014

    （3）《荣西＜吃茶养生记＞研究》（中文版），中国农业出版社，2020

    王家扬（1918—2020），宁海人。1937年参加革命，1939年加入中国共产党。新中国成立后，曾先后任江苏省总工会副主席，全国总工会生产部部长，全国总工会书记处书记，中共北京市海淀区委书记，北京市建委副主任，浙江省委常委、宣传部部长，浙江省副省长，浙江省政协主席等职，曾兼任杭州大学校长、浙江省对外友好协会会长、浙江省国际文化交流协会理事长等，第七届全国政协委员。

    王家扬是中国国际茶文化研究会第一届理事会会长、创会会长，1990年他发起创办了"国际茶文化研讨会"，并提出筹建"中国国际茶文化研究会"，1993年11月，通过多方努力正式成立了中国国际茶文化研究会。他开启了复兴当代茶文化的新篇章，倡导"天下茶人是一家"，紧密地团结海内外茶人，为开展茶文化学术研究、推动国际间茶文化的交流与合作做出了卓越贡献。1995年离休后，担任中国国际茶文化研究会会长，致力于推进当代茶文化复兴，向世界弘扬中国茶文化。在中国国际茶文化研究会成立15周年纪念大会上，被授予"茶文化特别贡献奖"。

《茶的历史与文化》

茶是中华传统文化的重要组成部分，作为友谊的使者传遍世界各地，推动社会文明与进步。改革开放以来，茶文化迎来新的发展机遇。时任浙江省国际文化交流协会理事长的王家扬感念浙江是全国首屈一指的茶乡，茶圣陆羽的《茶经》也在浙江写成，鉴于茶文化近代衰弱的现实，倡议并号召茶文化的复兴，需要各国间的交流与合作，有必要举办国际性的茶文化研讨会。这一倡议得到有关单位的积极响应，杭州国际茶文化研讨会在1990年10月23—25日举

王家扬主编，浙江摄影出版社，
1991年版

行，参会的有来自日本、韩国、斯里兰卡、美国等国家以及中国香港、台湾地区的代表共187人。研讨会受到海内外茶学家、史学家、文学家和艺术家的普遍重视，收到50篇参会论文，内容涉及饮茶历史、茶文化、茶道、茶事、茶的药用与保健等多方面。根据与会代表的建议，选择其中代表性的23篇编印出版，以供交流。收入本书的论文观点新颖、内容翔实、资料丰富，具有较高的学术参考价值。

孔宪乐（1932—2019），镇海（今北仑区）人。1951—1993年，供职于中国茶叶公司浙江省公司（后改为浙江省茶叶集团公司），历任技术员、工程师、高级工程师以及科长、副总经理、纪委书记、总工程师，并兼任中外合资浙江三明茶叶公司总经理等职，社会兼职有

浙江省茶叶学会副理事长、浙江国际茶人之家理事长、中国国际茶文化研究会常务理事及副秘书长、中国茶叶学会理事、中华茶人联谊会理事等。长期从事茶叶经济贸易与科技工作，20世纪50年代开始受国家委派，先后赴西北非、中近东、东亚、西南亚及东西欧与南北美洲等30几个国家和地区，进行科技合作、讲学、经济技术援助、工程考察与设计，以及市场调研与贸易活动，并多次荣获国际嘉奖及国家科技发明奖，1994年被授予全国外贸茶叶公司系统对茶叶生产、出口贡献突出专家。在从事茶叶经贸与科技工作的同时，撰写了多部关于世界茶的产供销与人文景观、民俗风情、饮茶养生之道等作品，有的被译为越、日、韩等多种外文，促进了中国茶和茶文化广泛传播。

《饮茶漫话》

饮茶文化是中华文化精华的一部分，也是华夏对人类做出贡献的一部分。基于对饮茶文化的普及与传播，几位老茶人联合撰写了这本普及读物。内容包括"饮茶史考"讲述饮茶的起源和传播，追溯了悠久的中国茶文化历史，"饮茶与健康"侧重茶的药理功能和实效，揭示了饮茶与健康的密切关系，"饮茶习俗"介绍茶在生活中所形成的茶宴、茶会、茶道、茶馆等习俗，展示了茶在社会生活中扮演的重要角色，"饮茶与文艺"讲茶与诗词、茶与美术、茶与歌舞的交融，此外就

孔宪乐等著，中国财政经济
出版社，1981年版

实际的饮茶，介绍了主要茶叶的引用法、沏茶的注意点，及如何选购好茶、如何保存茶的原则和方法。该书还附录了7幅历代茶事图及14幅历

代茶器图,增加了阅读的艺术性。该书作为一本出版较早的茶文化通俗读物,以简短概要的形式对于饮茶爱好者提供了专业性的知识普及,兼具理论与实践性,受到读者欢迎。

《中外茶事》

本书作者从事茶业经济贸易与科技工作几十载,足迹遍及30多个国家和地区,有心把自己所知所见付诸文字,让读者一睹大千世界茶的真情与风采。该书主要包括三部分内容:第一部分从饮茶的起源与茶业的发展讲起,概述了4 000多年中国茶文化史,揭示了饮茶之风风靡世界的秘密。第二部分也是该书的最大特色,以主要篇幅重点介绍了中外茶事,包括7则中国茶事和15则外国茶事,中国茶事中既有对各地茶的品类和风韵的介绍描述,也有对台湾茶艺和香港茶情的特别关注;在外国茶事内

孔宪乐著,上海文化出版社,1993年版

容中,对日本的茶道、韩国的茶礼,以及阿拉伯富豪饮茶,巴基斯坦、印度、越南、荷兰、英国、肯尼亚、大洋洲的各地茶风茶俗,娓娓道来,饶有趣味。第三部分就茶叶的生产、贸易普及了基础知识,全书紧紧围绕一个"茶"字,从茶的闪光中折射出五彩缤纷的世界茶文化的缩影。该书博观约取,附以世界各地茶事茶俗照片若干,融科学性、实用性、知识性与趣味性于一体,是作者在中外所经历的片段纪实。著名茶学家庄晚芳先生在《序》中评价这是"一本有助于人们观察、研究、促进世界茶文化活动和推动茶业发展的好书"。

陈慈玉，1946年生，祖籍宁波慈城，台湾新北人，1980年获日本东京大学博士学位，旋即返国任教淡江大学历史系。1981年进入"中央研究院"，先后服务于经济研究所和近代史研究所，2004—2006年调任台湾史研究所副所长，现为近代史研究所研究员。专长近代中国经济史和台湾经济史。主要著作有《近代中国茶业之发展》《生津止渴》《近代中国的机械缫丝工业》《日本历史与文化》（合著）《清代粮食亩产量研究》（合著）《台北县茶业发展史》《台湾矿业史上的第一家族》《日本在华煤业投资四十年》等，发表学术论文100多篇。

《近代中国茶业之发展》

在全球化进程中，虽然以茶叶为饮料的习惯源于中国，经陆路与海路传播至世界各个角落，但在东方与西方，却由于本身传统文化的不同、环境的相异而产生了不一样的饮茶文化。西方是以英国为典型的红茶文化，此红茶文化飘逸着贵族的布尔乔亚的气息，带着重商主义的色彩，促使欧洲强权为了满足对红茶及其佐料蔗糖的需求，不惜伸展帝国主义的魔掌，在当时所谓的"落后"地区一而再、再而三地制造殖民地，展开商品掠夺和人身买卖（奴隶）的活动。影响所及，中国茶贸易之开始发展、鼎盛、衰微，

陈慈玉著，中国人民大学出版社，2013年版

皆受制于外国市场。在1875年以前，由于中国是世界首要产茶国，故外国市场对中国茶之需要极大，在中国之外商纷纷争运茶，相关的通商口岸因此繁荣。在供不应求的情况下，中国的市场价格有时甚至高于外国市场之行情，外国市场虽然影响中国市场之波动，但仍有限度。而中国

茶中间商人为趁机谋利，乃大量粗制滥造，以致降低茶之质量。支配贸易的外国商人为能获得价廉物美之茶，于是向印度、锡兰与日本发展茶栽培业与投资制茶工厂，使亚洲茶叶生产国发生竞争。1875年以后，印度与日本之输出量渐增，1880年代初以降，中国茶终于由卖方市场的位置转变到买方市场的位置，外国商人逐渐放弃中国茶贸易。

《生津止渴》

早在16世纪，产于东方的茶叶曾出现在西方人的游记中，他们到中国、日本、印度、东南亚旅行时，发现中国人有饮茶的习惯，经常在空腹时喝一两杯茶用于治疗热病、头痛、胃痛等病痛。在拜访中国的上流家庭时，主人会以饮茶款待贵客。因此，欧洲人对茶叶"最初的印象"是：茶是一种药，是体现待客之道的饮料。随着时间的流转，茶叶不仅是一种饮品，更代表着一种文化。中西方因各自传统文化的不同，产生了迥异的饮茶文化。西方形成了以英国为典型的红茶文化，红茶文化飘逸着贵族

陈慈玉著，商务印书馆，
2017年版

的气息，带着重商主义的色彩，欧洲强权为了满足对红茶及其佐料蔗糖的需求，不断扩大殖民地甚至不惜掠夺和贩卖奴隶，中国茶贸易之开始发展、鼎盛、衰微，也随之皆受制于外国市场。西方国家为能获得价廉物美之茶，向印度、锡兰与日本发展茶栽培业与投资制茶工厂，使亚洲茶叶生产国发生竞争。本书讲述的就是这样一个历史片段，揭示了中国茶叶在近代历史中所扮演的角色，展现它足以傲视咖啡、可乐等西方饮品的多彩多姿的一面。

孙忠焕，1948年生，余姚人。研究生学历，经济师。1969年2月参加工作，1982年以后，曾任国有企业和浙江省地方县、市主要领导及多个省级部门领导，以后又任浙江省政府秘书长、杭州市市长、杭州市政协主席等职，第十一届全国政协委员。2013年2月参加中国国际茶文化研究会，2014年4月任常务副会长。著有《茶文化的知与行》《在时代洪流中》。

《茶文化的知与行》

作者以茶文化为切入点，将亲身实践和心灵感悟与明代思想家王阳明的"知行合一"思想有机结合，耗费四年时间，多易其稿成就该书。全书分"我的茶修养""陆羽的《茶经》开创了中国茶学""茶的文化涵义及其价值功能""饮茶文化的演化""倡导茶和茶文化发展的当今意义""附录"六大篇章，围绕"致良知"和"事上练"层层展开，问题意识先导，史论案例分析，深刻阐发了茶和茶文化与人和社会的关系，融知识性、可读性、思辨性于一炉，体现出独特的敏锐的学者型领导思考解决问题的方

孙忠焕著，中国农业出版社，
2018年版

法和思辨能力，也是用中国优秀哲学思想对中华茶文化进行深度解读的一次有益尝试，是一部学习、传播、弘扬中华茶文化的优秀普及读本。书稿成书之后，得到全国政协文化文史和学习委员会副主任、中国国际茶文化研究会会长周国富及姚国坤、沈冬梅等茶文化专家、学者的肯定与推荐。

毛立民，1967年生，象山人。浙江省茶叶集团股份有限公司董事长，第十一、十二届浙江省政协委员，高级商务师、高级评茶师。上海对外贸易大学本科毕业，圣路易斯华盛顿大学奥林商学院工商管理专业硕士，浙江大学茶学系博士。浙江茶业学院副院长、特聘教授。中国茶叶流通协会副会长、浙江省茶产业协会会长、ISO/TC34/SC8（国际标准协会食品技术委员会茶叶分会）联合秘书、全国茶叶标准化技术委员会委员。曾牵头开展有机茶国际认证，率先填补我国有机茶国际颁证出口企业空白而载入FAO调查年鉴；从事茶叶出口贸易近30年，为中国茶叶的国际贸易做出了积极贡献。2009年被评为中国茶叶行业年度经济人物，2003年被授予省直属系统"十大创业新星"称号，2014年荣获"中国商业联合会科学技术"奖、"全国商业科技进步奖"，2017年荣获"国际杰出贡献茶人"奖。

《九曲红梅图考》

西湖名茶，一绿一红，绿茶为西湖龙井，红茶便是九曲红梅。她"弯如九曲溪，香逾江畔梅""细如鱼钩，色泽乌润，梅香馥郁，汤色红艳，滋味鲜醇，叶底红亮"，凭借出色的品质屡获各项大赛金奖。本书作者秉承"原创传世，言必有据"的理念，翔实考证、鲜活展示了九曲红梅的百年历史，该书图文并茂地诠释了九曲红梅的前生今世。全书分八章，详细考证探究了中国名茶九曲红梅的历史。杭州红茶九曲红梅，历史悠久，同光肇创；1876年费城世博会首度竞拍；1915年巴拿马赛会搭车获金奖；历届中外博览频频获奖；书

毛立民、赵大川著，浙江大学出版社，2015年版

籍图片，清楚记载有15种牌号，营销全国、享誉神州；新中国成立初

期，担当大梁，以纤纤茶叶，归还苏联贷款和利息，这就是杭州著名红茶"九曲红梅"。

胡剑辉，1955年生，宁海人。浙江农业大学（今浙江大学）毕业。历任象山县常务副县长、宁波市林业局局长等职。2012年任宁波茶文化促进会副会长兼秘书长。

《问茶明州》

茶文化是中华五千年历史文化的瑰宝，源远流长，历久弥新。宁波茶又称甬茶，作为中国茶叶大家族中的重要一员，承载着诗意江南的地域禀赋，又不失中国茶的古色古香，影响着东亚茶文化圈的繁荣甚至世界饮茶文化的格局。悠久的种茶历史，丰富的种植经验，使得宁波茶始终把握着中国茶文化的脉搏，形成了地方独有的文化魅力。为了赏读宁波茶这部文化经典，品味其中的意韵风情，集宁波茶文化精粹于一炉的《问茶明州》一书应运而生。该书共分八章，内容包括品茶斋、茶器、茶水、茶俗、

胡剑辉主编，中国文化出版社，2016年版

茶事、茶景及茶史（上、下），将甬茶的魅力付诸文字，娓娓道来。静心品茶，诗文共赏，闻香自醉，本书引领读者跟着文字走遍宁波的茶山茶水，体验淳朴多彩的茶俗茶景，探寻悠远神奇的茶史茶事，是一部了解宁波茶文化古今历史、感受宁波茶文化诗情画意的文化读物。

竺济法，1955年生，宁海人。茶文化、家谱学者，宁波东亚茶文化研究中心研究员，宁波市文史研究馆馆员，《农业考古·中国茶文化专号》顾问，中国国际茶文化研究会学术委员会委员，《中华茶通典·人物典·明清卷》主编。著有《宁波茶通典·人物典》《名人茶事》《中华茶人诗描（一、二集）》《非常儒商》，主编《浙江宁海储氏宗谱》《余姚柿林沈氏宗谱》《茶禅东传宁波缘》《科学饮茶益身心》《"海上茶路·甬为茶港"研究文集》《越窑青瓷与玉成窑研究文集》等十多种。在海内外发表《茶文化是最具中国元素的世界名片》《"神农得茶解毒"由来考述》《陆羽〈茶经〉确立了神农的茶祖地位》《"茶为万病之药"语出荣西〈吃茶养生记〉》《吴理真》《各地四种茶文化宣言、共识中的茶史与学术错误》等文史、茶文化论文近百篇，其中在国家人文核心期刊《农业考古·中国茶文化专号》发表论文30多篇。

《名人茶事》

该书为传记小品，列为当时上海文化出版社畅销书"五角丛书"之一。介绍孙中山、毛泽东、周恩来、白居易、苏轼、周大风、基辛格等80多位古今中外名人嗜茶爱茶、敬茶恋茶、崇茶褒茶的趣闻轶事。前有著名古建筑园林专家、上海同济大学教授陈从周作序，后有作者后记，另附有刘金虎撰写的《饮茶纵横谈》，分为常识篇、保健篇、妙用篇、风俗篇。富有知识性、趣味性、可读性。书稿先于1990年、1991年在香港《新晚报》连载，

竺济法著，上海文化出版社，
1992年版

后由北京《团结报》《中华合作时报》《宁波日报》等报刊选载。该书1993年获宁波市文学艺术作品三等奖。

《中华茶人诗描》

该书为传记小品，收入古今430位茶人诗赞、小传、图像。竺济法序文《茶人乐趣多》，为茶人作有定义，作者以为，茶人是一个内涵十分丰富的统称，各行各业的爱茶者均可称为茶人，历代为茶产业、茶文化作出贡献和有所建树的前辈和长者，是当之无愧的茶人。茶人中懂得茶之诸法、树茶学丰碑的陆羽尊为茶圣，至今无人超越；超然物外连饮七碗品得茶趣的卢仝类人物皆为茶仙；从事茶业科技、教学、文化的有院士、博导、博士、专家、学者、作家、画家、壶艺家；还有茶商、茶农、茶客等，足见茶人之丰富多彩。

钱时霖、竺济法著，中国农业出版社，2005年版

烟、酒、茶嗜好者均有称谓，嗜烟者俗称烟民、烟枪，贬称烟鬼；嗜酒者尊称酒仙，雅称饮者、酒人，俗称酒民、酒囊，贬称酒鬼；嗜茶者尊称茶博士、茶仙，雅称茶人，没有贬称。酒有酒圣，但杜康却是传说中的人物；茶有茶圣，陆羽则以三卷《茶经》赢得全世界茶人的千古敬仰。世人何以如此厚茶？作者以为盖因烟魔危害甚烈；酒则有功有过；茶乃高雅国饮，有百利而无一害，嗜好者多为精行俭德之人，世人只有尊称、雅称，不忍贬称也！

作者在序文中概括出茶人有清饮之乐、交友之乐、赏壶之乐、茶艺之乐、撰文著书之乐五大乐趣。

中国国际茶文化研究会会长、浙江省政协原主席刘枫为本书题词：

"茶为国饮"；108岁仙逝的张天福，96岁时为本书题词："茶人品德，精行俭德。"

《中华茶人诗描续集》

该书为传记小品，收入古今480位茶人诗赞、小传、图像，与2005年中国农业出版社出版的初集合计910人，为茶文化之最。续集弥补了初集古代和近现代已逝世的著名茶人的不足，如史料记载最早的植茶人东汉高道葛玄；编撰著名类书《北堂书钞·茶篇》记载12则茶事的隋唐大臣、书法家虞世南；首次提出茶能瘦身的唐代著名医药家、《本草拾遗》作者陈藏器；被专家誉为"第二茶书"《茶解》的作者、明代著名书画家罗廪；最早引录"神农得茶解毒"

钱时霖、竺济法著，中国文化出版社，2011年版

的清代大学士、《格致镜原》作者陈元龙；清代书法大师、被誉为"前陈（曼生）后梅"的文人壶代表人物梅调鼎等。

周智修，1965年生，余姚人。中国茶叶学会常务副秘书长，中国农业科学院茶叶研究所茶业职业技能培训中心主任，研究员。"国家级周智修技能大师工作室"领办人，中国第一届职业技能大赛茶艺项目裁判长，浙江传媒大学播音主持学院客座教授。

多年来主要从事茶叶科技推广，茶文化传播与研究工作。主持农业农村部农村社会事业促进司乡村文化处等"茶文化转化与创新"研究项目多项。起草《第一届全国技能大赛茶艺项目技术工作文件》；起草《少儿茶艺等级评价规程》《茶艺职业技能竞赛技术规程》《中国茶艺水平评价规程》团体标准3项。在省级以上刊物发表论文20余篇；编著《习茶精要详解》（上、下册）、《茶席美学探索》《大家说茶艺》《茶童子喝茶》《茶·健康》五部；副主编《茶艺师培训教材》《茶艺技师培训教材》两部；参编《评茶员培训教材》《品茶图鉴》等。组织开展茶业专业技术才人、茶艺师、茶叶审评师培养，及评茶员、茶叶加工职业技能培训，培养茶业人才5万余人。多次应邀到日本、韩国等授课。策划举办2006年、2013年、2016年、2019年四届全国茶艺职业技能大赛（国家二类竞赛）。曾任2016年、2018年全国大学生茶艺大赛裁判长，2018年、2019年、2020年中华茶奥会总裁判长，多次任浙江省、河南省、江西省等省级茶艺大赛裁判长。任《茶艺师国家职业技能标准》终审组组长，参与《茶艺师国家题库》终审。被授予浙江省劳动模范、"第四、第五届中国科协先进工作者"荣誉称号。

《茶席美学探索》

本书分为两篇。

上篇内容为"茶席创作"，从茶席的界定入手，阐述茶席的特性、构成要素；将构图法、色彩学、人体工程学等知识引入茶席创作中；提炼出茶席的七种构图形式；详细阐述茶席的色彩搭配、茶席布设及意境营造等方法和技巧。本篇为追求品质生活的爱茶人、爱器人提供由浅入深的茶席创作思路与方法。

周智修主编，中国农业
出版社，2021年版

下篇内容为"茶席赏析"，从第三届、第四届全国茶艺职业技能竞赛获奖茶席作品和中国农业科学院茶叶研究所举办的第四届、第五届茶艺师资培训班学员的作品中选出赏析案例，按照茶席所表达的主题进行分类，分别以茶道茗理、顺时而饮、借席言情、诗境之美、平凡之美为题，分为五章，共54席。茶席创作技能并非艺术家专有，有创造、创新能力和追求美好生活方式的人都可以创作出美的茶席。

《茶童子喝茶》

中华民族发现和利用茶叶已经有数千年的历史，在这漫长的历史长河中，茶叶从药用到饮用，从蒸青团饼茶发展到后来的多种茶类，至今已遍及全世界。西晋文学家左思的《娇女诗》中有"心为茶荈剧，吹嘘对鼎䥶"两句，描绘两个活泼可爱的女孩，玩得口渴想喝茶的情景，说明早在1 700年前的左思生活时代，儿童也已经喝茶了，儿童饮茶有着悠久的历史。为了倡导茶为国饮，喝茶从娃娃抓起，中国茶叶学会编绘了一本具有科学性、普及性和趣味性，针对青少年的茶叶

周智修主编，中国农业出版社，
2012年版

科普读物——《茶童子喝茶》。本书内容涵盖茶叶基础知识、饮茶与健康、科学饮茶、茶的科学冲泡和茶的趣味活动等，尤其是巧制茶点、茶画、茶包、茶具等游戏活动，在游戏中认识茶，在实践中理解茶，寓教于乐，生动有趣。该书从儿童的视角创意设计，采取图文并茂的形式将专业性的茶叶科学知识，简明扼要地介绍给青少年，通过灵动的原创绘画，让浓浓的茶香飘进校园、飘进课堂。该书图文并茂，融知识性、趣味性于一体，可读可用，不仅限于儿童，老少皆宜。

《茶·健康》

《时尚生活与健康系列丛书》精选17种与人们日常时尚生活密切相关的主题，旨在指导人们在科学享受时尚生活的同时，关注健康、维系健康和促进健康，丰富广大群众时尚生活中的健康知识，提高人们时尚生活的情趣和品位，营造一个时尚、健康、快乐、幸福的生活方式。《茶·健康》作为该丛书中的一本，以简明通俗的语言，从茶的主要功能性成分、保健功效和疗效着手，以科学的角度，阐述茶与人体健康的关系；针对现代人的生活方式和饮食习惯，介绍了具美容瘦身作用的时尚保健茶饮，可调节心情的怡情茶

周智修编著，人民卫生出版社，2006年版

饮，具抗病治病功能的时尚抗病茶饮，美味营养的茶菜肴和茶点心等，并详细解说了制作方法、饮用方法和功效。该书内容丰富实用，文字通俗生动，编排形式新颖活泼，版式美观，图文并茂，全书散发的不仅是浓浓的茶香，还将带给读者情趣、品位和新的生活，引导读者追求美丽、健康和时尚。

罗列万，1963年生，慈溪人。浙江省农业农村厅高级农艺师，入选浙江省"151"人才工程。自1985年8月参加工作以来，一直从事茶叶生产管理和技术推广工作，近年来在浙江省茶业发展规划与政策制定、品牌建设、茶科技推广应用与队伍建设，茶树良种化、生产标准化、名优茶加工升级等方面做出了积极贡献，主持了《"十二五"浙江茶叶产业转型升级方案》的制定，主持起草了《浙江省农业厅关于加快推进茶

产业提升发展的实施意见》，主持完成了《浙江省人民政府办公厅关于促进茶产业传承发展的指导意见》的制定，为引导全省茶产业健康有序发展做出了贡献。同时，还参与农业农村部国家茶产业规划制定、政策意见与重大茶事谋划等工作，为推动我国茶产业发展发挥了参谋作用。其间参与多项课题，分别获全国农牧渔业丰收一、二等奖，浙江省科技进步二等奖、农业部科技进步三等奖等，发表论文40余篇，编著或参编《茗边清话》《名优绿茶连续自动生产线装备与使用技术》《中国名茶志》《浙江名茶》《浙江通志》等。

《茗边清话》

名茶因为品质超群、风韵独特，色香味俱全，又有一定的艺术性和很高的品饮价值，并享有较高的声誉，为消费者所喜爱。中国名茶琳琅满目、千姿百态，似茶叶大家族中一颗颗璀璨的明珠，茶业史上的朵朵奇葩。本书在概述"名茶与茶名""名茶缘起"的基础上，重点介绍了自晋代至元明清的历史名茶和60种现代名茶。本书的主题部分"历史名茶与现代名茶"，详细介绍了每一种名茶的历史渊源、风格特征、产地分布、生产工艺、人文典故等基础知识。中国名茶源远流长，且自古以来与名人有着不解之缘。本书在介绍

罗列万等编著，浙江摄影
出版社，2004年版

名茶的同时，又加入现当代文化名人谈茶内容，把茶的历史文化普及与茶的艺术美、风俗美、思想美相融合，显现出茶文化的兼容并包、历久弥新，也折射出中国本土文化持久的生命力，显示出一个复兴民族的优雅和从容。

《浙江名茶图志》

该书由浙江省农业农村厅王通林厅长作序，全面翔实地记录了截至2018年浙江省境内具有一定生产规模及品牌影响力的名茶。全书内容丰富，寓文化性、知识性、趣味性于一体，是研究浙江茶产业和茶文化发展的重要参考书，对推动浙江名茶知识普及与品鉴、传播弘扬浙江茶文化、促进浙江茶产业振兴和茶文化繁荣起到积极的作用。

罗列万主编，中国农业科学技术出版社，2021年8月版

全书分史录名茶、获奖名茶、龙井茶、名茶选介四个篇章，图文并茂地集中展现了浙江省名茶荟萃的独特风采。第一篇章：史录名茶，将汉至民国期间的部分名茶以出现时间为序分别辑录，其中汉至唐前3种、唐至五代6种、宋代44种、元代4种、明代14种、清代及民国44种，共计115种名茶。第二篇章：获奖名茶，将清末、民国时期获奖名茶与中华人民共和国成立后的获奖名茶分两节收录。第三篇章：龙井茶，详细介绍西湖、钱塘、越州三大产区龙井名茶的发展历程。第四篇章：名茶选介，按地区选录传统名茶52种，创新名茶143种。

林宇晧，1964年生，浙江象山人。1988年8月参加工作，浙江省委党校研究生毕业，农业推广硕士，高级评茶师。曾任象山县委政研室副主任，西周镇党委副书记、镇长，象山县政府办公室副主任、党组成员(正科局级)、县林业局局长、党委书记，宁波市林业局林特产业处副处长、处长，宁波市农业农村局副局长等职。现任宁波市农业农村局二级巡视员。系中国国际茶文化研究会学术委员会委员。

《茶　语》

该书由全国政协文化文史和学习委员会副主任、浙江省政协原主席、中国国际茶文化研究会名誉会长周国富作序，著名书法家朱关田题签。

全书24万字，分为产业、历史、人生、文化、交流合作、发展战略六章。记述了作者对茶文化的认识和感悟。

林宇晧编著《茶语》，浙江人民出版社出版，2021年7月版

徐国青，1966年生，宁波人。中国致公党党员，致公党浙江省委会理论研究会会员，致公党宁波市委会委员，北仑区综合支部主委，北仑区九届政协常委，宁波保税区审管办一级主任科员。1991年6月中山大学历史系毕业，2010年1月取得中国农业科学院农业推广硕士学位，中国国际茶文化研究会会员，中国茶叶学会会员，宁波茶文化促进会会员，北仑区茶文化促进会理事。

《徐国青文集》

该书系茶事论文、茶文小品、随感随笔、人物小记、政论文集。共分五辑27篇文章，其中第一辑精选了作者近5年发表的6篇关于茶文化论文，包括硕士学位论文《明朝时期浙江茶文化的研究》及对宁波茶文化历史发展的一些思考，诸如对道教与茶文化、宁波港的茶叶对

外贸易等问题，在茶文化领域具有历史
价值与现实意义，是作者长期探索茶文
化学术的一个跋涉过程记录；第二辑是
以茶为主要内容的小品文选辑，是作者
在学茶、品茶、玩壶、会友中对茶的体
验的真实记录；第三辑涉及游记、随笔
散文选辑，包括对宁波月湖、居士林的
流连，对学业、母校的留念；第四辑是
对甬上名家、新朋故交的精神追慕；第
五辑是作者作为一名民主党派成员，参
政议政、民主监督的政论文章。文集内
容丰富，文笔流畅，清新可读，又得浙

徐国青著，中国文化出版社，
2015年版

东书法名家沈元魁先生题签，茶香文韵溢于字里行间。

颜力，1960年生，宁波人。1982年1月毕业于浙江师范大学。曾
在镇海中学，镇海县、北仑区教育局，文广局，外经贸局，街道，开
发园区等单位工作，先后任教师、副局长、局长、书记等职。2012年2
月，任北仑政协副主席，至2020年7月退休。其中，2012年10月，宁
波市北仑区茶文化促进会成立，先后任副会长、会长至今。

《北仑奉茶》

北仑境内的太白、九峰、东盘、灵峰、龙角诸山，山高地肥、云
深雾浓，均是适合茶树生长的风水宝地，山下的阿育王、天童、瑞
岩、灵峰诸寺，香火茂盛，绵延千年，自古茶因禅兴，北仑之茶源，
或可追溯到唐宋时期。在后续的发展中，据地方志记载，太白山、龙
角山、瑞岩寺、灵峰寺等均出产茶叶，且品质上乘，近代的柴桥又有
茶市，外洋邻省来此设庄购茶，销量可观。到了今天，北仑名茶名品

颜力主编，宁波出版社，
2015年版

辈出，"天赐玉叶""三山玉叶""金枝玉叶""春晓玉叶"等名茶已经走出北仑，走向全国。一口茶，喝的是一方山水一方人。北仑茶文化促进会组织茶人茶友，搜集编纂了近40篇茶文，以期通过文学的形式来追溯北仑的茶史、记录北仑的茶人茶事、品评北仑的茶艺茶俗，与更多人结下平淡中见浓郁的茶缘。本书分为四个篇章，"北仑有茶"谈北仑的茶文化史，"北仑奉茶"回味北仑茶俗的待客之道及北仑茶人的当代风采，"北仑啖茶"辑录的是品茶后的人生絮语，"听海问茶"听的是东海的涛声，问的是当下的茶讯，把茶客、茶组织及茶趣交错呈现，别有滋味。本书通过北仑作家们的笔触，又编排插入了富有地方特色的绘画、剪纸等艺术点缀，把一个地域的茶文化做成了一道雅俗共赏、涩中有味的茶品，奉之读者。

张国源，1945年生，余姚市梁弄镇人。长期在四明山区任教，曾任余姚市第二职业技术学校校长。现为宁波茶文化促进会会员、宁波市民间艺术家协会会员、余姚茶文化促进会理事、余姚市民协理事、余姚市新四军历史研究会理事、余姚市历史名城文化研究会会员、余姚市老年科协会员、东海城市文化研究会特约研究员、梁弄镇文联副主席。

退休后，一直致力于茶文化研究，梁弄历史文化的挖掘与研究，陆续撰写散文、随笔、革命史料及研究文章近200篇，相继在宁波、余姚报刊发表，汇编出版散文集《梁弄流韵》，主编梁弄古今诗汇《五桂流韵》、茶文化专著《白水闻茶》。2020年8月，主编出版130万字的《梁弄镇志》。曾为余姚市旅游局编印的《美哉四明山》、余姚市委宣传部编印的《姚江家训》及《浙东延安梁弄》《梁弄二十四景》等书撰稿。

《白水闻茶》

白水山地处梁弄镇东南，亦称瀑布泉岭，俗称道士山，缘因白君再次修炼传道而名，流传下许多脍炙人口的传奇故事。晋仙人丹丘子示余姚人虞洪山中有大茗，缘自此地。这桩茶事，在我国重要的茶业经典中几乎无不提及。陆羽到浙东，为其命名仙茗，并记入世界上第一部茶书《茶经》。此后，历代文人学士光顾此山，留下众多吟咏诗文，白水山从一座道教名山，逐渐发展为江南文化仙山，在中国茶文化史上占有一席之地。《白水闻茶》一书分"江南仙

张国源主编，中国文化出版社，2018年版

山""瑞草史笔""岁月茶香""梁园弄茶""嘉木流芳""大茗重光"六个篇章，以瀑布仙茗为切入点，追溯了江南仙山的茶文化渊源，挖掘了诸多美丽动人的茶文化传说，通过梁弄古镇的风情遗韵和茶香遗事的叙述，引领读者感知千年古镇的茶风茶俗和人文雅趣，同时走访记录当代梁弄的茶人茶事，为茶文化和茶产业的复兴之路注入了地方经验和文化支撑，是对中国茶文化发展地方标本的一种自我解读，也是从茶的视角读懂中华古镇的一种新的尝试。

宁波茶文化促进会

宁波茶文化促进会成立于2003年8月，下设宁波东亚茶文化研究中心，另设宁波茶文化书画院、宁波茶文化博物院、宁波市篆刻艺术馆等。该会以复兴中华茶文化，振兴中国茶产业，倡导茶为国饮，以

茶惠民，服务种茶人和饮茶人为宗旨，按照章程规定，开展各种活动。该会聘请相关领导、著名人士和专家、学者为名誉会长或顾问，理事、会员有热爱茶文化、茶产业的各级领导、文化名人、科技人员和茶业生产、经营代表人员及各界爱茶人士。

宁波：
海上茶路起航地

宁波茶文化促进会编

中国文化出版社

宁波茶文化促进会编，中国文化出版社，2006年版

该会成立以来，已配合宁波市人民政府等主办单位，协办了九届中国宁波国际茶文化节、十届"中绿杯"名优茶评比，主办了十多届主题研讨会，出版了《茶经印谱》等数十种茶文化书籍和连续性期刊《海上茶路》（原名《茶韵》），为弘扬茶文化，发展茶经济，造福茶人，促进和谐社会，传播文明风尚，发挥着积极作用。

《宁波：海上茶路起航地》

宁波"海上茶路"历史悠久，从唐代开始，形成了深厚的茶文化基础，在向世界各地传播中国茶文化上，有着突出的历史地位。在第三届中国宁波国际茶文化节期间，来自日本、韩国及国内的众多专家学者相聚宁波，对宁波"海上茶路"进行学术研讨。与会专家学者在广泛交流的基础上形成共识，提出了宁波"海上茶路"国际论坛倡议书，认定宁波为"海上茶路"起航地，在深入研究宁波"海上茶路"历史、建立建设性合作框架的基础上，进一步做好宁波"海上茶路"的宣传。宁波茶文化促进会把参与论坛交流的15篇代表性的论文结集成书，内容涉及宁波"海上茶路"的历史考证、中外茶文化交流、海上贸易中的茶文化、中外茶道文化、宁波茶叶贸易等，代表了这一时期中日韩茶文化学术界对宁波"海上茶路"的基本观点，为宁波茶文化的发展提供了理论支撑和国际视野。

余姚市茶文化促进会

该会成立于2007年12月，以研究茶文化、弘扬茶文化、培育市民文化素养、加强对外交流、促进茶产业发展为宗旨。会员由社会各界爱茶和茶文化人士、干部、科技人员、茶叶生产和经营人员等组成，并邀请国内著名茶学家为顾问，现有团体会员11个，个人会员99名。

十余年来，在余姚市委、市政府的重视关心下，在中国国际茶文化研究会和宁波茶文化促进会的指导下，在各团体会员和个人会员的共同努力下，开展了章程规定的各项活动，在挖掘茶文化历史、促进茶经济发展等方面，取得了不少重要成果。协助政府及有关部门制定了茶产业发展的中长期规划和千万元补助政策，进一步促进了茶产业的发展，扩大了知名度，增强了茶叶企业的发展实力，增加了茶农的经济收入。挖掘茶文化的历史内涵，推动茶文化相关活动，先后成功承办了"中国绿茶探源暨瀑布仙茗研讨会""瀑布仙茗·河姆渡论坛"等大型研讨会，中外专家学者研究讨论形成并发布了《余姚共识》。编写了余姚茶文化史书——《影响中国茶文化史的瀑布仙茗》，并由中国文史出版社出版发行。为使散见于古籍和地方志的余姚茶文化史料，成为有形记载，2009年5月在梁弄道士山建立了瀑布泉岭古茶树碑。经多年的努力，余姚市在全国第一个被中国国际茶文化研究会授予"中国文化之乡"；余姚瀑布仙茗茶先后被相关机构授予"中国鼎尖名茶""中华文化名茶""上海世博会中国元素礼品茶"，这些茶事荣誉极大地提高了余姚茶叶的知名度，扩大了余姚茶叶销售的辐射区。以每年举办全民饮茶日活动、"斗茶"比赛，合办区域茶文化节、茶文化进社区活动等为抓手和有效载体，有力地提升了茶文化的影响力。

《影响中国茶文化史的瀑布仙茗》

一片茶叶印证一方历史。白水山地处余姚梁弄镇东南，亦称瀑布泉岭，俗称道士山，缘因白君再次修炼传道而名，流传下许多脍炙人口的传奇故事。晋仙人丹丘子示余姚人虞洪山中有大茗，缘自此地。这桩出现在汉魏六朝的茶事，在我国重要的茶业经典中几乎无不提及。以余姚瀑布仙茗为代表的历史名茶，茶名出现之早，茶事传承之古，茶品驰誉之广，世所罕见。余姚市茶文化促进会，为进一步追溯瀑布仙茗的历史发展轨迹，挖掘厚实的文化内涵，展示当代

余姚市茶文化促进会编，中国文史出版社，2011年版

名茶的发展现状，以通俗易懂的文字、图文并茂的形式，讲述中国第一古名茶瀑布仙茗的古往今来。全书分六章，从"七千年文明的土地上"开篇，概述名茶的地理环境和人文背景；第二章"第一个中华文化名茶"；第三章"第一个中国茶文化之乡"；第四章"仙茗与贡茶"聚焦名茶本身的人文典故与历史传说；第五章"茶之父母与茶俗"，介绍四明山的茶俗茶器；第六章"古茗发新韵"探索名茶的品牌发展之路。全书融茶文化与茶历史为一体，内容具体生动，颇具知识性与可读性，是一部了解古今名茶瀑布仙茗历史文化的综合读本。

《宁海茶事》

宁海系宁波市主要茶产区，曾多次被评为全国茶叶百强县、重点县。茶文化历史悠久，唐代亦有茶叶生产，茶山茶为宋代名茶。据宋代著名的地方志台州《嘉定赤城志》（宁海古属台州）记载，其地最早

由白衣道家种茶，当时已"所产特盛"，由僧人宗辩带到京都，请端明殿大学士、著名书法家蔡襄品评。蔡襄赞美其茶品已超越当时越州贡茶日铸茶，谓其品在日铸之上。千载儒释道，万古山水茶，儒、释、道文化在中国茶文化中底蕴丰厚，这一道家种茶、释家送茶、儒家赞茶之史实，集中诠释了儒、释、道与茶文化的重要地位，在中国茶文化史上留下厚重一笔。茶山还因为有诸多景点和人文历史以及正在建造的抽水蓄能电站，成为国内诸多同名茶山的中华之最。

《宁海茶事》，2018年内部印刷

当代宁海茶产业重视科学种茶，产业兴旺，基地管理与茶叶品质均为宁波市之佼佼者。通过实施品牌战略，涌现出望海茶、望府茶两大著名品牌，尤其是望海茶，已成为宁波地产名茶的代表性品牌。

《宁海茶事》由宁海茶文化促进会、宁海茶业协会编。全书25万字，分为茶史溯源，茶业发展，现代茶人，茶之文化，茶馆茶楼，茶事活动，茶之功效，制茶、饮茶与茶具之演变8个章节。图文并茂，全彩印刷。

（二）印谱　书画

　　高式熊（1921—2019），名廷肃，号羽弓，别署小云在堂，鄞县（今鄞州区）人。中国著名书法家、金石篆刻家。生前任中国书法家协会会员、西泠印社名誉副社长、上海市书法家协会顾问、上海市文史研究馆馆员、上海民建书画院院长、棠柏印社社长。1936年起自学篆刻，获海上名家赵叔孺、王福庵指导，书法出归入矩，端雅大方，后又喜摹印作，对历代印谱、印人流派极有研究。其书法楷、行、篆、隶兼擅，清逸洒脱，尤以小篆最为精妙，与篆刻并称双美。高式熊不仅篆刻、书法造诣精深，还是著名的印泥制作大师，曾受教于西泠印社早期社员，著名书法、篆刻家、收藏家鲁庵印泥创始人张鲁庵先生，得张先生真传，将把"鲁庵印泥49号秘方"无偿捐献给国家。著有《西泠印社同人印传》《高式熊印稿》《茶经印谱》《般若波罗蜜多心经印谱》等，作品多次在国内外展出、发表，获书法报2015年度书法"风云榜""德高望重老书法家奖"、第六届中国书法兰亭奖终身成就奖等。

《茶经印谱》

　　高式熊篆刻《茶经印谱》，系当代茶文化艺术类书刊经典之作，完成于2005年1月。该印谱精选"茶者，南方之嘉木也""精行俭德""发乎神农氏，闻于鲁周公"等《茶经》短语45句，治印45方，边款近3000字。高老还专刻一方印章，记载了该印谱创作经过："甲申冬十二月，应宁波茶文化促进会之邀，篆刻《茶经印谱》，前后历时一月余，成印四十五方，款文近三千。是为记。高式熊。"

高式熊篆刻，西泠印社出版社，
2005年版

《茶经印谱》之一：茶者，
南方之嘉木也

曹厚德（1930—2018），号碌翁、五明楼主，鄞县（今宁波市鄞州区）人。高级工艺美术师，文史学者，曾任宁波市工艺美术研究所所长。幼受庭训，又得诸大师指授。性嗜古书，诗文温厚平和，雅淡流畅，赋作尤著，结集《碌翁诗集》，存诗八百余首。一身擅多能，精翰墨，长碑颂，皆自书，具圆润苍古之气韵，频为各界收藏、刻录，逾280通。吟咏、临池之外，治印数千方，论著数百篇，兼作画、考古。于雕塑研究尤深，曾得赵朴初赞赏。景点、寺院求其碑文、得其楹联、牌匾不计其数。书法、篆刻作品多次在国内外展出，并被收入《当代楹联墨迹选》《兰亭序印集》《茅盾笔名印集》《浙江篆刻选》等。生前系中国书法家协会会员，浙江书法家协会理事，浙江省篆刻委员会委员，宁波市书法家协会副会长，宁波市篆刻创作委员会主任。

《宁波茶赋存墨》

《宁波茶赋存墨》共91句，424字，由作者撰写并篆书，曾数易其稿，于2013年春天定稿出版。该赋浓缩了源远流长的宁波茶文化，内涵丰富，对仗工整，音韵优美，朗朗上口，殊为难得。

全赋如下：

江南胜壤，东浙名城。泰和天宝，紫极地灵。句章历来璀璨，三江自古繁荣。巍巍茶山，气清露润；滔滔甬水，岸阔潮平。钟四明八百里之灵秀，继河姆七千年之文明。舳舻千里，通海上茶叶之路；星使万邦，开寰球商贾之门。欣逢盛世，霞蔚云蒸。海天

曹厚德著，香港天马
出版社，2013年版

清晏，日丽风薰。药皇宝殿，叠栱雕甍；崇楼杰阁，刻鹤图麟。茶馆棋布，饮者盈庭。怡神养性，遣兴陶情。乃若茶之为饮，发乎神农。尝百草之酸涩，辨水泉之苦甘。日遇七十二毒，得茶而解；寿享百二十岁，因茶而延。耒耜拓荒，功勋昭日月；济民救世，德泽沛人天。至若茶神陆公，始著茶经，乃世间之宝典，实万众之福星。时越千载，仍播芳馨。天赐良机，余姚虞洪遇仙而获茗；地生嘉木，鄞县榆荚依村以栽茶。至于上林秘色，洵品茗之佳皿；东亚禅茶，乃鄮城之远输。今夫茶为国饮，源远流长。四明茶韵，誉驰八方。明州仙茗，幽绝清香。茶山望海，曲毫芬芳。采自清明时节，来于云雾山乡。更有三山玉叶，望府琼浆。天池翠色，印雪白霜。回味无尽，供君品尝。嗟乎！伟哉华夏，东方巨龙。神州大地，四海和衷。中华茶业，禅道交融。举国上下，尚茶成风。港城蓬勃，茶事昌隆。勒碑铭志，茶史留踪。神功圣德，惠泽无穷。名垂竹帛，举世钦崇。千秋俎豆，永享岁供。明灵显赫，神佑浙东。

癸巳春甬上曹厚德撰书

陈启元，1937年生，名宁鹏，以字行，鄞州区人。中国书法家协会会员、中国书法教育研究会常务理事、浙江省书法教育研究会副理事长、浙江省书法家协会艺术指导委员会委员、宁波市书法教育研究会会长、宁波市茶文化书画院院长、宁波市书法家协会名誉主席。十余岁开始学习书法，青年时期拜入甬籍著名书法家丁乙卯先生门下，数十年如一日地勤学苦练，坚持不懈临习古代碑帖。汲古启新，丰富书法作品内涵，正、行、草、隶、篆各体皆能。除了自身对书法艺术的孜孜追求，还满腔热情投身书法教育，着眼于培养书法新秀。2008年，中国书法教育研究会授予他当代书法教育最高荣誉奖——"全国书法教育突出贡献奖"。2012年，浙江省书协授予他"浙江省书法家协会成立三十周年最高荣誉奖"。

《宁波茶文化书画院成立六周年画师作品集》

2004年4月，宁波茶文化书画院挂牌成立，宁波又多了一家以弘扬茶文化为宗旨的艺术团体。该院创办伊始，欣逢首届中国宁波国际茶文化节举行，驻院的五十余位艺术家创作出版了《宁波茶文化书画院作品集》，自此以后历届宁波国际茶文化节集重大社会节庆，宁波茶文化书画院皆有新作亮相。书画院还积极组织艺术家上茶山下茶馆体验茶事，品味茶艺，收集创作素材，受到社会的普遍关注和爱好者的热情追捧。值此建院六周年及第五届中国宁波国际茶文化

陈启元主编，中国文化艺术
出版社，2010年版

节暨第五届世界禅茶文化交流会开幕，结集出版《宁波茶文化书画院成立六周年画师作品集》并举办作品展，进一步弘扬茶文化，光大茶文化。

《宁波茶文化书画院成立十周年作品集》

为庆祝宁波茶文化书画院建院十周年及第七届中国宁波国际茶文化节开幕，宁波茶文化书画院精选十年来该院艺术家创作的书画精品，结集出版《宁波茶文化书画院成立十周年作品集》并举办作品展，内容包括近50位艺术家的各体书法、绘画、篆刻作品，旨在运用书画这一人民大众喜闻乐见的艺术形式，进一步弘扬茶文化。

陈启元主编，中国文化艺术出版社，
2014年版

《宁波茶文化之最》

宁波茶文化源远流长，又以高僧达官闻人通过海上丝绸之路传播至海内外，在中国乃至世界茶文化史上占有重要地位。宁波又是一个飘扬着浓郁茶香的港城，植茶面积广大，是产茶大省浙江的茶叶主产区，涌现出大岚、茶山等诸多著名的茶产业基地，培育出瀑布仙茗、望海茶等名茶名品。本书用图文并茂的连环画形式，向读者介绍了16个代表宁波茶文化之最的话题：河姆渡与原始茶、六千年的茶树根遗迹、第一个"中国茶文化之乡"、流传千古的越窑青瓷、虞世南《北堂书钞》记茶事、海上茶路起航地、"中国高山云雾茶之乡"大岚、中华之秀——宁海茶山、格鲁吉亚与宁波茶缘、出国考察茶业第一人、如诗如画的茶园福泉山、珍稀的印雪白茶、王家扬荣获特别贡献奖、高式熊篆刻《茶经印谱》、周大风与宁波茶歌、姚国坤茶著等身。通过135幅精美生动的图画展示和浅显活泼的语言解说，一件件情趣盎然的茶事，一个个活生生的脱俗茶人跃然纸上，彰显着宁波七千年茶文化的厚重和张力。

宁波茶文化促进会主编，中国文化出版社，2010年版

（三）茶诗

高菊儿，1933年生，慈溪人。1959年毕业于临安农业学校茶叶专业，农艺师，中国茶叶学会会员。先后在宁波专署林业局、嵊县林特局、杭州市农科院茶叶研究所工作，1988年1月退休。在宁波、嵊县工作期间，主要抓茶叶生产技术推广、新茶园发展及蹲点搞样板，成绩显著。调入茶科所后，前期搞茶树栽培及速溶茶试制等多项研究课题，均取得较好成果。1980年主管该所情报资料室，重点抓茶叶研究课题的科技档案的建立和档案的标准化、规范化，1983年、1985年两次被评为杭州市农业局系统科技档案先进工作者，1984年被评为杭州市科委科技档案先进工作者，1986年该所被评为杭州市科技档案先进单位。在省市级茶叶刊物上发表论文20余篇，译文（日）6篇。

《历代茶诗集成·唐代卷》
《历代茶诗集成·宋金卷》（上、中、下三册）

两书由钱时霖、姚国坤、高菊儿合编，均为小32开精装，精致美观。共收集茶诗6 080首，其中唐代665首、宋代5 298首、金代117首。三代茶诗作者1 158人。这是迄今为止内容最为丰富的唐、宋、金三代茶诗集成。

这些茶诗全部从《全唐诗》《全唐诗补编》《全宋诗》《全金诗》中选出，准确完整，出处详细，富有文献和学术价值，是茶文化专家、学者难得的工具书。作者精心搜集，搜罗出诸多鲜为人知的茶诗，如唐代卷有从谂《十二时歌》十二之四首涉茶诗；李白除著名的《答族侄僧中孚赠玉泉仙人掌茶并序》外，另有《陪族叔当涂宰游化城寺升公清风亭》。其中有茶句"茗酌待幽客，珍盘荐凋梅"，卢仝除著名的《走笔谢孟谏议寄新茶》，另收茶诗3首等。

钱时霖、姚国坤、高菊儿编，上海文化出版社，2016年版

钱时霖（1931—2013）生前曾为该书出版犯难，幸得茶文化专家姚国坤大力支持才顺利出版。他在该书前言中写道："姚国坤喜爱茶诗，并悉心加以深研，对《历代茶诗集成》的问世，给予了极大的关心和支持，并提出修改意见。他四处奔走，最后落实在上海文化出版社出版。"

（四）茶艺　茶道　茶馆

朱红缨，1967年生，女，祖籍杭州，在象山出生、成长。浙江树人大学现代服务业学院院长，浙江树人大学茶文化研究与发展中心主任，省重点学科茶文化设计艺术学术带头人，中国普通高等教育茶文化专业创办人之一，中国国际茶文化研究会理事，杭州中国茶都品牌促进会副理事长，曾任世界茶联合会秘书长。自1994年开始，一直从事茶文化与茶艺的教学、科研及专业和学科的建设，主要涉及茶艺体系、茶文化创意、茶品牌建设、国际茶艺文化等研究，开创性地构建了普通高等教育茶文化人才培养体系，始终专注在茶作为文化产品对社会经济文化发展的贡献。完成论文、著作、资政报告等50余篇（部），主持承担教育部及省市级科研项目30余项。曾受邀赴日本、韩国、捷克、澳大利亚、阿联酋、白俄罗斯以及中国台湾、香港等地进行茶文化学术交流，是茶艺文化学院派的代表，培养了一批优秀学生活跃在茶文化的多个领域。

《中国式日常生活：茶艺文化》

该书以日常生活理论为背景展开叙述，共分九章，内容包括导论、茶艺文化基础、茶艺结构、茶艺规则、茶艺流程与方法、茶艺历史沿革、茶艺审美活动、茶艺作品创作、茶艺与社会，主要涉及茶艺文化哲学研究、茶艺性质要素与结构研究、茶艺规则与程序研究、茶艺历史沿革研究、茶艺审美创作及茶艺产品研究等领域，综合运用了哲学、自然科学、艺术学、社会学等研究方法与陈述方式，以茶艺的作品实现以及作品与大众社会、与日常生活的互动为核心，在茶文化历史发展的基础上，系统性地呈现我国现代茶艺文化的体系与面貌，并力图提供日常生活理论区域的一个社会事实。作者把茶艺引入日常生活视域进行学理的探索和构架，是茶艺美学生活化的专业思考，是茶艺文化理论研究方面的重要学术著作。

朱红缨著，中国社会科学出版社，
2013年版

《六杯茶的美好家生活》

朱红缨主编，浙江科学技术
出版社，2016年版

中国人对两样东西特别在意，一是家庭生活，世界上再没有比中国人更重视家庭生活的价值了；二是神形兼备的茶，在中国，没有比一杯茶的深沉更能抒发情怀的了。一端是茶，一端是家庭生活，最美好的事情莫过于把这两样东西搁一起讲。家庭生活的盘算、操作，称为家政。家政尽管烦琐、内容浩瀚，其实质上是令人愉快的劳动，也是雅致生活的最终体现。中国茶不仅历史久远、文化深厚，其形态也是十分复杂的，按不同的加工方式分有六大基本类型：绿茶、白茶、黄茶、青茶（乌龙茶）、红茶、黑茶，故不同茶类间品性迥异，有各自的人文理想。本书以茶开讲，主角却不是茶，而是发挥茶的神奇功能，润润喉，与生活联联姻，讲一讲全民家政头条600问、20个主题六大篇章的故事，以茶的生活美学给美好生活再增添一抹茶一般的神奇。

《中国茶艺文化》

在中国，茶是作为一种信仰而存在的，一是追求身体健康的自然力，饮茶源于健康而养成的生活习惯嵌入到中国人的日常生活之中而不可或缺；二是获得精神慰藉的审美力，人们将"啜苦咽甘"的饮茶体验，通过仪式化的饮茶方式投射到生活与生命中，获得一种审美趣味和情感倾诉。茶的信仰，正是基于这两种力量的基础之上，而茶艺的价值在于，将茶的信仰以情感的方式，慰藉到每个平凡人的生活里。本书从审美哲学的高度，把茶艺赋以"仁爱之道""智慧之用""表礼之形""忠义之举""信

朱红缨著，中国农业出版社，
2018年版

守之德"五元素，提炼习茶四必要为：成生活家、人情礼法、规则学问、志远豁达，具体的流程则归纳为五汤法，另外就茶会和茶史作了文化追溯和解读，最后以茶艺作品的创作作了现实指导。本书以文化解读的方式，聚焦中国茶信仰，把茶的价值探索作为主线，与人生处世、日常审美哲学相结合，并由茶艺来关怀当下，体现着茶艺文化的精神境界和强盛生命力。

《习茶精要详解》（上、下册）

中国是茶的原产地，有着深厚的文化底蕴和丰富多彩的饮茶习俗，客来敬茶是中华民族的传统礼仪。近年来，随着茶科学、茶文化的研究不断深入与普及，其中，饮茶对人体健康保健的重要功效和茶文化所蕴含的中国传统哲学智慧得到发掘和认同，如何科学饮茶、传承传统文化精髓、借茶修身养性成为人们普遍关注的话题。本书积累作者20年习茶心得，历5年著述功夫，深挖提炼茶艺的人文内涵与美学思想，提出了习茶应知应会，并以图解的形式分解了九套茶艺

周智修编著，中国农业出版社，
2018年版

的详细流程，融理论与实践，倡导"知行合一"的习茶理念。内容包括上册的习茶基础教程，主要为习茶应知、习茶器具、习茶应会，尤其对习茶七要、七则、七美、七境、七忌等内容的归纳总结，把习茶提升到一定理论高度，体现了作者的人文思辨；下册的茶艺修习教程，主要为玻璃杯泡法修习、盖碗泡法修习、小壶泡法修习、煮茶法修习、点茶法修习等，侧重具体的操作要求。本书内容严谨，充分体现了习茶中的"精要"，5 000多张图片与文字紧密配合，极其细致，完美体现书名中的"详解"，引领读者开始一场美学之旅、心灵之旅，感受习茶生活的美好。中国茶叶学会名誉理事长陈宗懋院士评价此书是"习茶者和饮茶爱好者不可多得的图书"。

周文棠，1960年生，别名公刘子，慈溪人。1978年进入浙江农业

大学茶学系（现浙江大学茶学系）本科学习，1982年8月至浙江余杭石鸽良种场从事茶树良种培育、茶园栽培管理及茶叶初、精制等技术工作。1984年考入浙江农业大学茶学系攻读硕士研究生。1987年获硕士学位后参与筹建中国茶叶博物馆并在馆工作至今。1992年创设"公刘子朱权茶道"，1996年6月创设茶艺员培训班，1999年11月创设茶艺师培训班。历任中国茶叶博物馆陈列资料部副主任、主任，现任研究馆员，从事茶文化研究、陈列及茶艺师系列培训工作。兼任浙江省职业技能鉴定茶艺师专业专家委员会委员，杭州公刘子茶道常务顾问，杭州市茶楼业协会顾问，杭州市民进园文旅游支部主任等。

《茶 道》

茶从莽莽的原始森林中被先民发现，并加以利用，随着社会历史的发展，从药用到饮用，并与中国传统文化结合，逐渐形成了具独特文化内涵的茶道文化。从东晋杜育时的风雅类茶道到明代朱权的修行类茶道，每个时代茶道形式、内容、思想，都与当时社会政治、文化、经济密切联系在一起。从清代开始，由于外来文化的融入，受自然科学的成就和社会发展等综合因素的影响，茶道被技巧化、实用化、简易化。由茶道演化为茶艺，再至品茶，乃至极其普通的饮茶活动。在物质生活不断丰富的今天，

周文棠著，浙江大学出版社，
2003年版

随着茶文化的普及，"饮茶有道"已成为新的时尚。了解茶道、理解茶道、掌握茶道的相关知识成为人们丰富知识层面、提高自身修养的一种方式，修习茶道可满足文化和精神上的需求成为人们普遍的共识。

作者在中国茶叶博物馆多年从事茶文化研究，广泛涉猎中国传统茶道，在参与国内外茶艺、茶道交流的基础上，把个人心得体会以及与国内外茶界人士切磋交流之经验，著述成册，通过分析、论述茶道的概念、渊源、各种茶道的比较、茶道美学、茶道思想，介绍茶道的组成与功能、茶道与茶艺、典型茶道动作分解及讲述应怎样从事茶道与欣赏茶道，让茶道走近大众。

《茶　馆》

茶馆是一种特殊的社会存在，是茶文化的重要组成部分。21世纪的今天，有着悠久历史的茶馆又迎来了一个新的繁荣时期，鳞次栉比的茶楼、茶园、茶坊，在现代化城市街头破土而出，上茶馆"吃茶去"已成为人们的时尚。茶馆现象引起越来越多人的关注和思考。作者长期从事茶文化研究工作，对于茶道、茶艺、茶馆方面有着浓厚兴趣和深入思考，根据个人心得体会、调查研究及国内外茶界人士切磋交流之经验，著述成册。本书图文并茂地阐述了茶馆的历史渊源，讲述了旧式茶馆与现代茶艺馆、不同

周文棠著，浙江大学出版社，
2003年版

地域不同特色茶艺馆的概况，介绍了茶馆的空间设计与布置、文化艺术品味以及可供茶馆经营者借鉴的茶馆类型、格调、氛围知识、管理经验与要素。其中着重研究茶艺馆创办、经营和管理中的具体问题和理论问题，展示当今茶艺馆的最新成就与动态，探讨茶艺馆的发展战略及经营理念等，是本书的一大特色。

《特色茶楼装饰》

随着茶文化的复兴，茶楼（或茶馆）如雨后春笋般崛起，成为新的时尚。开设茶楼能否获得良好效益，以茶楼环境氛围营造为首要，装饰的重要性不言而喻。而事实上，许多茶楼的装饰花费大，但效果并不理想，原因有多方面，如装饰设计公司"沿袭"了家居和普通餐饮装饰风格；设计师注意到了整体分隔，却忽略了相应的立面细腻和景观的营造等。从这个现实问题出发，作者不单探讨茶楼装饰创作的原理，还以品茗者的身份，收集了各地多

公刘子编著，广西科学技术出版社，2005年版

家茶楼（或茶馆）的197幅图片，涉及外观、大厅、门窗、顶部、地面、墙面、通道、陈设、灯光、茶吧台和茶食茶点台等，对一幅幅成功的作品，点评特色，抒发触景生情的感受。客人到茶楼来的感受，关系到生意的兴衰，经营者必定格外关注，装饰的设计者必定也要给予重视。

（五）科技　产业　品牌

王开荣，1964年生，余姚人。1984年毕业于浙江大学茶学系，农业推广硕士研究生，宁波市林特科技中心正高级工程师，主持宁波白茶、黄金芽、千年雪等珍稀白化茶树新品种的繁育。曾获部科技进步三等奖、省科技进步二等奖、省农业科技进步一等奖等市级以上科技奖励10余项，出版《光照敏感型白化茶》《珍稀白茶》《优质高产高效茶叶生产技术》等专著，主持起草《宁波白茶》等市地方标准，发表《彩色茶树让茶产业前景更美好》等专业论文40余篇。

《珍稀白茶》

白茶是一种十分珍稀的茶树种质资源，九百年前宋徽宗赵佶在《大观茶论》中评价"它茶无与伦也"，因此钦定白茶为"天下第一茶品"。而宁波著名的历史名茶——四明十二雷的起源正是白茶。作者在推进宁波白茶发展过程中，摸索运用了一套农业推广新方法，发明了白茶加工国家专利，并结合文化等多维视角对白茶进行了研究和宣传，撰写了我国第一部白化茶专著《珍稀白茶》。该书全面阐述了与白茶相关的历史、种质资源、品种与繁育、栽培与加工、品质与功

王开荣著，中国文史
出版社，2005年版

用、茶道文化与产业化等内容，集专业知识与人文情怀于一体，是当时白茶研究最全面最有说服力的著作，其中白茶种质资源分类、品质鉴评方法、加工工艺等许多方面的研究是白茶领域的创新，对于指导白茶产业发展有积极的现实意义，也是向世人展示宁波白茶、宁波茶文化的一个崭新载体。

《光照敏感型白化茶》

白化茶作为一类珍稀茶树种质资源，在我国已有近千年开发利用历史。自20世纪末以来白叶1号的产业化推广，标志着白化茶千年重兴；而黄金芽的出现，则开启了白化茶种质资源开发、研究与利用的新时代。在光照敏感型白化茶呈现迅速发展的态势下，王开荣等为了让业界有比较系统的技术资料可循，在总结多年来创新研究成果和实践经验基础上，及时撰写了《光照敏感型白化茶》一书。全书图文并茂，对光照敏感型白化茶种质资源、育苗、栽培、管理、加

王开荣等著，浙江大学出版社，
2014年版

工、品质、综合利用等内容的阐述十分新颖、详尽，创新性与操作性强，非常适用于茶业科技工作者与生产者借鉴参考。

《名优绿茶连续自动生产线装备与使用技术》

茶叶加工在整个茶叶生产链中占有重要地位，不仅对茶产品分类、品质等具有决定性作用，也对茶产品质量安全有着直接影响。当前，中国茶叶加工正从传统农业的劳动力密集型向现代农业的技术密集型转变，加工升级和机械化、自动化管理已是发展的必然。名优绿茶连

续化自动化加工生产线模式正处于茶叶加工领域的首列，已成为我国现代茶产业的发展方向。为推动茶叶加工现代化发展的新成果，近年来，浙江省农业农村厅、中国农业科学院茶叶研究所、中华全国供销合作总社杭州茶叶研究院、浙江大学及茶机企业等，致力于名优绿茶加工工艺的创新完善和连续自动化加工生产线的研发推广和示范，总结形成了《名优绿茶连续自动生产线装备与使用技术》一书。该书是国内第一部针对名优茶连续自动生产线加工技术的专著，涵盖了扁形、卷曲形、针芽形等我国多种类型名优绿茶的品质特征、工艺技术流程、设备选型方案以及设备操作维护要点等内容，对全国从事茶叶加工、加工设备研究设计的科技人员都具有较好的参考价值和指导作用。

罗列万等著，中国农业科学技术
出版社，2015年版

（六）会议文集

《茶禅东传宁波缘》

宁波系海上茶路启航地，茶禅东传日本、朝鲜半岛之窗口，唐、宋时代，日本、朝鲜半岛到中国学佛传茶之僧人，主要从宁波港来去。

2010年，第五届世界禅茶交流大会在宁波举行，该书为大会文集，分为说茶论禅、佛寺茶禅、东传祖地、日韩茶禅四部分，收入中、日、韩专家、学者37篇文章，对茶禅文化和宁波东传之源作了深入研讨，智者见智，仁者见仁，或以创见性的观点引入，或以翔实的史料见长，亮点纷呈，具有茶禅理论与史料价值。其中，安徽丁以寿《关于茶禅文化概念的思考》，对茶禅文化作了

宁波茶文化促进会、宁波七塔寺组编，竺济法编，中国农业出版社，2010年版

定位；宁波竺济法《茶禅——源于佛门而超越佛门》，认为"茶禅"不仅是佛门茶事，更是富有哲理的茶事典故，早已被道家和儒家所认同；竺济法《宁波成为海上茶路启航地与茶禅东传门户的三大要素》，从天

然深水良港、东南佛国、中国绿茶和越窑青瓷主产区三个侧面，分析了宁波作为东传祖地的独特优势。

文后附有《第五届世界禅茶交流会碑记》，该碑立于七塔寺内。

《科学饮茶益身心》

该书分为茶益身心、专题研究、海外来稿三部分，收入中、日、韩专家、学者的41篇文章，从不同侧面，对茶与健康作了多角度研讨，内容丰富。茶不仅是国人日常生活中不可或缺的必需品，更与人们的精神生活紧密相关。丰富多彩的茶文化，成为国人精神生活的重要组成部分。年届八旬的浙江中医药大学教授林乾良，为本书作的序言《茶德与茶寿》，阐述了茶在人类精神生活方面的重要作用。

宁波茶文化促进会、宁波东亚茶文化研究中心组编，竺济法编，中国文化出版社，2011年版

《茶产业品牌整合与品牌文化》

宁波茶文化促进会自2008年成立宁波东亚茶文化研究中心以来，先后举办多次专题研讨会，在海内外产生了积极影响。为做强做大茶企业，2011年，宁波市政府决定整合茶品牌，实施"明州仙茗"一牌化战略。为进一步提升全市茶产业、茶文化知名度，加强海内外文化交流，增进中外民间友谊，宁波茶文化促进会、宁波东亚茶文化研究中心决定在原来侧重于茶文化研讨的基础上，从2012年第六届宁波国际茶文化节开始，经济与文化并重，设立"东亚茶经济、茶文化

论坛'明州茶论'",邀请海内外专家、学者来宁波论茶,通过数年努力,将"明州茶论"打造成海内外著名茶经济、茶文化论坛。2012年首届论坛的主题为"茶产业品牌整合与品牌文化",来自日本、韩国、马来西亚,以及中国澳门等100多位海内外专家、学者、茶文化爱好者参与了研讨会,精选会议论文编辑成书,分为"品牌篇""产业篇""专题研讨""海外来稿"四个篇章,聚焦茶的品牌建设与产业发展,受到业内人士和读者的关注。

宁波茶文化促进会、宁波东亚茶文化研究中心组编,竺济法编,中国文化出版社,2012年版

《"海上茶路·甬为茶港"研究文集》

宁波系"海上茶路"启航地,"海上茶路"启航地主题景观2009年在市中心古码头遗址三江口落成;2011年,提出"甬为茶港"概念。该书为三届相关研讨会文集之合集,收录中、日、韩50多位专家、学者的62篇文章,分为"海上茶路·甬为茶港""人物·掌故·其他""越窑青瓷、玉成窑、天目茶碗""海外来稿"四部分。内容丰富,为首本正式出版的"海上茶路"研究文集。

中国国际茶文化研究会会长、浙江省政协原主席周国富为该书作

宁波茶文化促进会、宁波东亚茶文化研究中心组编,竺济法编,中国农业出版社,2014年版

序——《"甬为茶港"与"杭为茶都"珠联璧合》。书前附有海内外专家、学者签名的《"海上茶路·甬为茶港"研讨会共识》写到：

唐、宋时，明州即为中外贸易重埠，江、浙、皖、赣诸省尽为腹地，茶叶、越窑茶具等源源不绝输出海外，明、清亦然，全盛时有中国茶叶输出海外半壁江山之誉。当代宁波再创辉煌，2010年前后，月均出口茶叶万吨左右，为全国出口总量四成上下。

宁波茶叶、茶具出口年代之早，时间之长，数量之多，影响之大，均为中国之最，"海上茶路"由此启航，"甬为茶港"名副其实。

《茶产业转型升级与科技兴茶》

科技是第一生产力，创新是人类社会永恒的主题。时代在进步，中国茶文化的发展必然要以产业兴旺为基础，与科技创新相携行。第三届"明州茶论"研讨会聚焦"茶产业转型升级于科技兴茶"主题，探讨新时代茶产业振兴之路和茶文化发展的方向。论坛由浙江大学茶学系、宁波茶文化促进会、宁波东亚茶文化研究中心联合举办，得到海内外专家、学者的热情参与，选编了41篇论文分为四大内容：第一部分"产业与品牌"思考中国茶产业、宁波茶产业在市场经济中如何有效转型升级与品牌开拓；第二部分"科技创新与产品开发"介绍全

"明州茶论"系列丛书

茶产业转型升级与科技兴茶
——第三届"明州茶论"研讨会文集
2014年5月

浙江大学茶学系
宁波茶文化促进会 组编
宁波东亚茶文化研究中心

竺济法 编

中国文化出版社

浙江大学茶学系，宁波茶文化促进会、宁波东亚茶文化研究中心组编，竺济法编，中国文化出版社，2014年版

国各地茶产业科技创新的新成果和成功做法；第三部分"生态与旅游"把茶文化与旅游相融合，探索生态旅游、农旅融合的新兴产业；第四部分"日本、韩国茶业"介绍日本、韩国一些地区创新茶品牌、开发

茶产业的成功经验，为中国的茶产业发展提供有益的借鉴。论坛文章紧扣当下中国茶文化、茶产业发展的焦点、难点问题，善于古为今用、洋为中用，提出的理论思考和经验分享有助于推动茶科技、茶文化与时俱进，茶企业、茶产业兴旺发达。

《越窑青瓷与玉成窑研究文集》

风华绝代青瓷美，"千古一梅"玉成窑。越窑青瓷与玉成窑紫砂器，不仅是宁波茶具的两张金名片，也是宁波乃至全国陶瓷和历史文物中的瑰宝。该书汇集了相关专家、学者的30多篇论文、随笔，其中不乏文献史料和理论亮点，在"两窑"研究方面有所探索。玉成窑创办人、清代书法大师梅调鼎再传弟子沈元魁为本书题签。

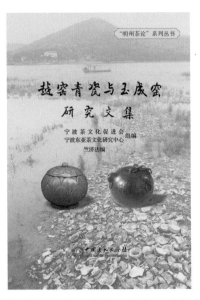

宁波茶文化促进会、宁波东亚茶文化研究中心组编，竺济法编，中国文化出版社，2015年版

越窑青瓷是中国古代青瓷的杰出代表，被称为"母亲瓷"，唐代越州余姚今宁波慈溪上林湖一带，留有历代120多处越窑遗址，是古代最大的越窑基地，鄞州、奉化、宁海等宁波其他县、市、区亦有越窑遗址分布。

玉成窑由被誉为"清代王羲之"的清代书法大师、"浙东书风"代表人物梅调鼎创办，传世不多的紫砂壶及文房雅玩件是珍品，是紫砂界公认的文人壶代表之一，有"前有陈曼生，后有梅调鼎"之说。玉成窑紫砂壶藏品近年屡创拍卖新高。但是除了书法界、紫砂器等业内资深人士，很少有人知道梅调鼎和玉成窑。

民国以来，关于越窑青瓷的著述较多，而介绍玉成窑的甚少。目前"两窑"的最大藏家均在宁波，产品均有传承和创新。

《茶与人类美好生活》

该书为2021年"明州茶论"研讨会文集。全书分为特稿，茶与美学，人情、艺术、生活之美，诗文之美，自然生态之美五部分，收录40多位专家、学者的46篇文章。其中有中国工程院陈宗懋院士的《饮茶与健康》、刘仲华院士的《基于健康中国的茶业机会》，浙江大学茶叶研究所所长王岳飞教授的《茶让生活更美好》，江西省社会科学院历史研究所所长、《农业考古》主编施由明研究员的《论中国式审美与中国茶文化》；本土作者有竺济法《宁波古今茶事人情之美》，施珍《论越窑青瓷茶具古朴大气之美》，张生《玉成窑壶铭与器形之美》，王开荣《彩色茶树让茶产业前景更美好》等，内容丰富。

宁波茶文化促进会、浙江大学茶叶研究所、《农业考古·中国茶文化专号》编辑部等组编，竺济法编，中国农业出版社，2021年版

（七）教材

《应用茶文化学专业系列教材》

中国茶文化源远流长，长盛不衰。随着社会的发展和科技的进步，茶文化与茶产业、茶旅游、茶经济相互联动、互相补充，形成了新的产业链。这表明，当今社会要发展茶经济，既要抓好茶科技，还须弘扬茶文化，只有这样才能壮大茶叶生产的大行业。基于以上事实，浙江树人大学率先设置了应用茶文化学专业，这是一个把茶文化与茶叶经济相结合的新专业，它研究茶在被应用过程中所产生的文化和社会现象，研究其中蕴藏的精神力量对社会和经济发展起到的推动作用。它以培养掌握茶学、中国文化学与现代管理科学的基础知识，具有较强的茶产业文化策划能力和茶的利用技能，熟悉茶叶经济流通的专业

朱红缨、姚国坤主编，浙江摄影出版社，2004年版

人才为目标，组织专家学者设计编撰了一套系列教材，包括《茶文化概论》《茶文化史》《茶艺理论与实务》《茶业经营管理》《茶树种植》《茶叶加工技术与设备》《茶叶评审》《茶俗学》《茶叶对外贸易实务》《茶综合利用》《茶具与陶艺》《茶的营养与保健》12种。这套系列教学丛书，以茶文化为基点，涵盖了茶的历史、茶文化、茶经济、茶的利用知识在内的多种内容，集专业性、理论性、实用性、可读性于一体，对茶文化人才的培养和茶文化事业发展起到积极推动作用。

《茶艺师技能培训多媒体教程》

20世纪90年代以来，随着茶文化的复兴，中国各大城市开设了大量茶艺馆，这类茶艺馆与传统的老式茶馆不同，讲究茶水沏泡技艺和休闲环境氛围的营造，需要懂茶艺的人提供优质的服务。在这样的社会需求下，1999年6月，浙江省杭州市组织培训了第一批茶艺员，又在同年的11月组织培训了第一批茶艺师，得到社会的广泛关注和参与，教材的编写与出版也呼之欲出。作为"十二五"国家重点音像出版规划《一技之长闯天下》多媒体丛书之一，《茶艺师技能培训多媒体教程》一书立足

周文棠主编，中国农业出版
社，2012年版

精准、通俗与实用的教材编写原则，概述了茶艺师职业知识，茶文化基础知识，茶诗词、歌赋与茶画，相关传统文化知识，茶叶基础知识，初、中、高级茶艺师须掌握的茶叶沏泡技法、茶艺美学、茶艺表演和茶馆外宾接待常用外语及相关事宜，并用少量篇幅精辟地介绍了茶会活动的组织策划和茶馆管理与营销的经验，是一本兼具专业性和实用性的茶艺师培训教材。

（八）期刊

《宁波茶业》

宁波是一个古老的茶乡，西晋时期已有发现大茶树的记载。唐代茶圣陆羽在《茶经》中还具体记述了宁波茶区的分布和茶叶品质的高下。及至晚清宁波开埠，茶业始终作为三大出口产品之一。改革开放以来，宁波茶叶事业迎来新的发展机遇和美好前景。为继承、发扬宁波茶叶事业，沟通国内外信息，传递最新技术，服务政府部门决策和广大茶叶科技工作者，宁波市林业局下属宁波市茶叶学会创办了《宁波茶业》期刊，内容涵盖科技成果、经验总结、调研报告、

1988年创刊

专题综述、科技动态、市场信息、科技文札、茶叶史话、产品开发等，以反映宁波的茶叶科技、茶叶经济为特色，为广大茶叶科技工作者和茶叶爱好者开辟了展示茶叶科技成果和经验的文字论坛。刊名由著名甬籍书法家沙孟海先生题写，宁波市茶叶学会理事长魏国梁担任主编。约3年后停刊。

《茶　韵》

为挖掘茶文化内涵，培养具有宁波特色的茶文化，以文化提升宁波茶产业，促进茶叶经济的可持续发展，2003年8月20日，宁波茶文化促进会成立。与此同时，为大力推广茶饮料文化，广泛开展茶与文化、艺术、人文、旅游、健康、生活等多方融合的宣传，加强国际国内文化交流与合作，提高宁波茶业的知名度和美誉度，助力宁波大文化、发展大产业，宁波茶文化促进会于2003年11月创办了专业的茶文化期刊《茶韵》。刊物首期推出茶事纪程、寄语茶人、茶道史

2003年11月创刊

话、当代茶苑、茶业前沿、四海茶讯、百姓茶话、茶与健康、名人与茶等栏目，在内容和形式上，贴近社会、贴近生活，积极服务种茶人和饮茶人。宁波市林业局局长、宁波茶文化促进会副会长兼秘书长殷志浩担任首任总编。《茶韵》从第45期开始，更名为《海上茶路》。出版十多年来，积极推进茶为国饮，传达茶事重大信息，反映茶事活动，尤其在挖掘弘扬宁波茶文化历史上成绩显著，受到读者的赞许和社会的肯定，已经成为展示宁波茶文化魅力的一个对外窗口。

《海上茶路》

四明茶韵，源远流长；海上茶路，远播世界。宁波茶业、茶器对东亚文化圈甚至亚非国家的文化都有着积极影响。为赓续传承，宁波茶文化促进会自成立以来，努力发掘宁波海上茶路的历史文化，利用举办论坛、发布倡议书、树立海上茶路纪事碑等形式，擦亮宁波海上茶路这张历史名片。为了进一步发扬宁波古港丝路精神，响应"一带

一路"倡议，《茶韵》期刊从2017年第2期（总第45期）开始，更名为《海上茶路》。更名后的《海上茶路》将肩负起时代的担当，在发挥原有办刊优势的基础上，坚持传承与创新，立足宁波，面向世界，大力提升茶文化的研究，引领茶产业的发展，依靠中外茶文化专家、学者与广大茶和茶文化爱好者，积极谱写四明茶韵、海上茶路、甬为茶港新篇章，发挥茶和茶文化对传承中华文化、促进国际交流的重要作用。《海上茶路》由中国国际茶文化研究会浙东茶文化研究中

原《茶韵》，2017年更名

心、宁波茶文化促进会、宁波东亚茶文化研究中心主办，宁波茶文化促进会会长郭正伟任编委会主任。

《宁波茶业》

为推进宁波茶叶企业抱团运营，提升宁波茶叶在全国茶叶市场的影响力和竞争力，更好地促进宁波茶产业的发展，宁波市茶叶流通协会于2016年5月30日成立。协会在致力于"一县一品"的建设及茶产业"一牌化"（明州仙茗）的推进，引导茶叶生产、运营企业构建新的产业业态，探究宁波茶业经济发展新模式的同时，做好理论研究与宣传推广工作，于2018年创办《宁波茶业》。《宁波茶业》刊布专题调研报告，分享技术交流与经营经验，推介茶人茶企，传递茶

2018年创刊

界信息，畅谈茶道人生，传承发展中国茶文化，着力建设一个兼顾宁波茶叶稳定提高、长期发展、深化技术分析、拓展经营思路和推进基础性研究的信息库，助力宁波茶产业的可持续发展。《宁波茶业》由宁波市供销合作社联合社、宁波市农合联执行委员会主办，宁波市茶叶流通协会承办，宁波市茶叶流通协会会长钱钢任编委会主任。

《宁海茗园》

宁海优越的山海环境造就了得天独厚的种茶、产茶优势，历史上就形成了道家种茶、释家送茶、儒家评茶的独特茶文化现象。改革开放后，在科技推动下，培育出望海茶、望府茶等一批享誉海内外的名优茶，被授予"中国茶文化之乡""全国重点产茶县""中华文化名茶"产地三块"国"字招牌。茶文化是中华传统优秀文化的重要组成部分，是构建和谐社会的重要载体。为挖掘宁海的茶历史，宣传茶文化，普及茶知识，服务茶产业，让茶文化深深扎根民众，

2012年创刊

宁海茶文化促进会和宁海县茶业协会联合主办了半年刊《宁海茗园》。开设栏目有宁海茶事、现代茶人、茶史溯源、名人和茶、茶界求索、茶与人生、茶与健康、茶与旅游、茶姿诗韵、文萃荟茶、茶典茶俗、宁海名茶。中国国际茶文化研究会名誉会长刘枫为《宁海茗园》题写刊名，宁海茶文化促进会会长担任编委会主编。

《雪窦山茶文化》

奉化茶起源于雪窦山，从魏晋时期开始种植与采制，到唐宋成贡品，宋明清时期还远销海外，成为中国茶文化的重要发祥地之一。新

中国成立后，奉化茶在主体经济中独树一帜，武岭茶、弥勒茶、曲毫茶等名优茶相继问世，尤其是曲毫茶的创制与推广，不仅成就了一款闻名于世的国际茶品系列，更成为茶农科技致富的地方典范，奉化茶文化的挖掘与探索是一件立在当代、功在千秋的大业。为更好地宣传奉化茶文化，广泛开展内外交流与合作，奉化市茶文化促进会主办了《雪窦山茶文化》。该刊名着重以新闻通讯形式选编撰写文章，通报茶文化促进会重

2012年创刊

点活动、挖掘奉化茶文化史迹、反映奉化茶业发展的科技信心与先进单位在栽培、管理、包装、营销方面的经验，选登奉化茶人、茶事、茶俗等，联合茶友共同努力弘扬茶文化，普及茶知识，研究茶科技，发展茶经济。奉化茶文化促进会副会长兼秘书长沈永康担任编委会总编。

《奉　茶》

为挖掘茶文化历史内涵，培育具有奉化特色的茶文化，以文化提升奉化茶产业，促进茶业经济可持续发展，宁波市奉化区茶文化促进会于2017年4月28日成立。为广泛开展茶文化、茶与艺术、茶与宗教、茶与人文、茶与旅游、茶与风情、茶与健康、茶与生活的宣传活动，原来的《雪窦山茶文化》从第7期开始，更名为《奉茶》。更名后，期刊将立足奉化又不局限于奉化，以开放的视角，尽可能全方位拓展茶文化的丰

原《雪窦山茶文化》，
2017年更名

富内涵，为读者乃至全区人民"奉上一杯好茶"。期刊设立的主要栏目有：茶讯、茶人、茶艺、品茶知识、茶健康、茶历史文化等，服务全区人民，为"茶为国饮"添砖加瓦。宁波市奉化区茶文化促进会会长韩仁建担任编委会主编。

《象山茶苑》

象山地处东海之滨，山水形胜，土壤肥沃，雨量充沛，产茶历史悠久，从唐代开始就是宁波重要的茶叶产地，宋代还出产珠山茶等名茶。改革开放后，象山茶园面积不断扩大，茶产业持续向好发展，21世纪以来又培育诞生了"象山银牙""半岛仙茗"等一批名优茶。为实现发掘茶文化、普及茶知识、促进茶产业的宗旨，为锻造象山茶业品牌、丰富象山茶文化内涵服务，象山茶文化促进会于2013年5月创办了茶文化期刊《象山茶苑》，综合象山的茶事动态、茶

2013年创刊

文化史话、茶文化教育以及各地茶文化作品等内容。象山茶文化促进会副会长林曙光担任编委会总编。

附 录

宁波茶文化促进会大事记（2003—2021年）

2003年

▲2003年8月20日，宁波茶文化促进会成立。参加大会的有宁波茶文化促进会50名团体会员和122名个人会员。

浙江省政协副主席张蔚文，宁波市政协主席王卓辉，宁波市政协原主席叶承垣，宁波市委副书记徐福宁、郭正伟，广州茶文化促进会会长邬梦兆，全国政协委员、中国美术学院原院长肖峰，宁波市人大常委会副主任徐杏先，中国国际茶文化研究会常务副会长宋少祥、副会长沈者寿、顾问杨招棣、办公室主任姚国坤等领导参加了本次大会。

宁波市人大常委会副主任徐杏先当选为首任会长。宁波市政府副秘书长虞云秩、叶胜强，宁波市林业局局长殷志浩，宁波市财政局局长宋越舜，宁波市委宣传部副部长王桂娣，宁波市城投公司董事长白小易，北京恒帝隆房地产公司董事长徐慧敏当选为副会长，殷志浩兼秘书长。大会聘请：张蔚文、叶承垣、陈继武、陈炳水为名誉会长；中国工程院院士陈宗懋，著名学者余秋雨，中国美术学院原院长肖峰，著名篆刻艺术家韩天衡，浙江大学茶学系教授童启庆，宁波市政协原主席徐季子为本会顾问。宁波茶文化促进会挂靠宁波市林业局，办公场所设在宁波市江北区槐树路77号。

▲2003年11月22—24日，本会组团参加第三届广州茶博会。本会会长徐杏先，副会长虞云秩、殷志浩等参加。

▲2003年12月26日，浙江省茶文化研究会在杭召开成立大会。

本会会长徐杏先当选为副会长，本会副会长兼秘书长殷志浩当选为常
务理事。

2004年

▲2004年2月20日，本会会刊《茶韵》正式出版，印量3 000册。

▲2004年3月10日，本会成立宁波茶文化书画院，陈启元当选为
院长，贺圣思、叶文夫、沈一鸣当选为副院长，蔡毅任秘书长。聘请
（按姓氏笔画排序）：叶承垣、陈继武、陈振濂、徐杏先、徐季子、韩
天衡为书画院名誉院长；聘请（按姓氏笔画排序）：王利华、王康乐、
刘文选、何业琦、陆一飞、沈元发、沈元魁、陈承豹、周节之、周律
之、高式熊、曹厚德为书画院顾问。

▲2004年4月29日，首届中国·宁波国际茶文化节暨农业博览
会在宁波国际会展中心隆重开幕。全国政协副主席周铁农，全国政协
文史委副主任、中国国际茶文化研究会会长刘枫，浙江省政协原主席、
中国国际茶文化研究会名誉会长王家扬，中国工程院院士陈宗懋，浙
江省人大常委会副主任李志雄，浙江省政协副主席张蔚文，浙江省副
省长、宁波市市长金德水，宁波市委副书记葛慧君，宁波市人大常委
会主任陈勇，本会会长徐杏先，国家、省、市有关领导，友好城市代
表以及美国、日本等国的400多位客商参加开幕式。金德水致欢迎辞，
刘枫致辞，全国政协副主席周铁农宣布开幕。

▲2004年4月30日，宁波茶文化学术研讨会在开元大酒店举行。
中国国际茶文化研究会会长刘枫出席并讲话，宁波市委副书记陈群、
宁波市政协原主席徐季子，本会会长徐杏先等领导出席研讨会。陈群
副书记致辞，徐杏先会长讲话。

▲2004年7月1—2日，本会邀请姚国坤教授来甬指导编写《宁波
茶文化历史与现状》一书。参加座谈会人员有：本会会长徐杏先，顾
问徐季子，副会长王桂娣、殷志浩，常务理事张义彬、董贻安，理事

王小剑、杨劲等。

▲2004年8月18日，本会在联谊宾馆召开座谈会议。会议由本会会长徐杏先主持，征求《四明茶韵》一书写作提纲和筹建茶博园方案的意见。出席会议人员有：本会名誉会长叶承垣、顾问徐季子、副会长虞云秧、副会长兼秘书长殷志浩等。特邀中国国际茶文化研究会姚国坤教授到会。

▲2004年11月18—19日，浙江省茶文化考察团在甬考察。刘枫会长率省茶文化考察团成员20余人，深入四明山的余姚市梁弄、大岚及东钱湖的福泉山茶场，实地考察茶叶生产基地、茶叶加工企业和茶文化资源。本会会长徐杏先、副会长兼秘书长殷志浩等领导全程陪同。

▲2004年11月20日，宁波茶文化促进会茶叶流通专业委员会成立大会在新兴饭店举行，选举本会副会长周信浩为会长，本会常务理事朱华峰、李猛进、林伟平为副会长。

2005年

▲2005年1月6—25日，85岁著名篆刻家高式熊先生应本会邀请，历时20天，创作完成《茶经》印章45方，边款文字2 000余字。成为印坛巨制，为历史之最，也是宁波文化史上之鸿篇。

▲2005年2月1日，本会与宁波中德展览服务有限公司签订"宁波茶文化博物院委托管理经营协议书"。宁波茶文化博物院隶属于宁波茶文化促进会。本会副会长兼秘书长殷志浩任宁波茶文化博物院院长，徐晓东任执行副院长。

▲2005年3月18—24日，本会邀请宁波著名画家叶文夫、何业琦、陈亚非、王利华、盛元龙、王大平制作"四明茶韵"长卷，画芯总长23米，高0.54米，将7 000年茶史集于一卷。

▲2005年4月15日，由宁波市人民政府组织编写，本会具体承办，陈炳水副市长任编辑委员会主任的《四明茶韵》一书正式出版。

▲2005年4月16日，由中国茶叶流通协会、中国国际茶文化研究会、中国茶叶学会共同主办，由本会承办的中国名优绿茶评比在宁波揭晓。送达茶样100多个，经专家评审，评选出"中绿杯"金奖26个、银奖28个。

本会与中国茶叶流通协会签订长期合作举办中国宁波茶文化节的协议，并签订"中绿杯"全国名优绿茶评比自2006年起每隔一年在宁波举行。本会注册了"中绿杯"名优绿茶系列商标。

▲2005年4月17日，第二届中国·宁波国际茶文化节在宁波市亚细亚商场开幕。参加开幕式的领导有：全国政协副主席白立忱，全国政协原副主席杨汝岱，全国政协文史委副主任、中国国际茶文化研究会会长刘枫，浙江省副省长茅临生，浙江省政协副主席张蔚文，浙江省政协原副主席陈文韶，中国国际林业合作集团董事长张德樟，中国工程院院士陈宗懋，中国国际茶文化研究会名誉会长王家扬，中国茶叶学会理事长杨亚军，以及宁波市领导毛光烈、陈勇、王卓辉、郭正伟，本会会长徐杏先等。参加本届茶文化节还有浙江省、宁波市的有关领导，以及老领导葛洪升、王其超、杨彬、孙家贤、陈法文、吴仁源、耿典华等。浙江省副省长茅临生、宁波市市长毛光烈为开幕式致辞。

▲2005年4月17日下午，宁波茶文化博物院开院暨《四明茶韵》《茶经印谱》首发式在月湖举行，参加开院仪式的领导有：全国政协副主席白立忱，全国政协原副主席杨汝岱，全国政协文史委副主任、中国国际茶文化研究会会长刘枫，浙江省副省长茅临生，浙江省政协副主席张蔚文，浙江省政协原副主席陈文韶，中国国际林业合作集团董事长张德樟，中国工程院院士陈宗懋，中国国际茶文化研究会名誉会长王家扬，中国茶叶学会理事长杨亚军，以及宁波市领导毛光烈、陈勇、王卓辉、郭正伟，本会会长徐杏先等。白立忱、杨汝岱、刘枫、王家扬等还为宁波茶文化博物院剪彩，并向市民代表赠送了《四明茶韵》和《茶经印谱》。

▲2005年9月23日，中国国际茶文化研究会浙东茶文化研究中心成立。授牌仪式在宁波新芝宾馆隆重举行，本会及茶界近200人出席，中国国际茶文化研究会副会长沈才土、姚国坤教授向浙东茶文化研究中心主任徐杏先和副主任胡剑辉授牌。授牌仪式后，由姚国坤、张莉颖两位茶文化专家作《茶与养生》专题讲座。

2006年

▲2006年4月24日，第三届中国·宁波国际茶文化节开幕。出席开幕式的有全国政协副主席郝建秀，浙江省政协副主席张蔚文，宁波市委书记巴音朝鲁，宁波市委副书记、市长毛光烈，宁波市委原书记叶承垣，市政协原主席徐季子，本会会长徐杏先等领导。

▲2006年4月24日，第三届"中绿杯"全国名优绿茶评比揭晓。本次评比，共收到来自全国各地绿茶产区的样品207个，最后评出金奖38个，银奖38个，优秀奖59个。

▲2006年4月24日，由本会会同宁波市教育局着手编写《中华茶文化少儿读本》教科书正式出版。宁波市教育局和本会选定宁波7所小学为宁波市首批少儿茶艺教育实验学校，进行授牌并举行赠书仪式，参加赠书仪式的有徐季子、高式熊、陈大申和本会会长徐杏先、副会长兼秘书长殷志浩等领导。

▲2006年4月24日下午，宁波"海上茶路"国际论坛在凯洲大酒店举行。中国国际茶文化研究会顾问杨招棣、副会长宋少祥，宁波市委副书记郭正伟，宁波市人民政府副市长陈炳水，本会会长徐杏先等领导及北京大学教授滕军、日本茶道学会会长仓泽行洋等国内外文史界和茶学界的著名学者、专家、企业家参会，就宁波"海上茶路"启航地的历史地位进行了论述，并达成共识，发表宣言，确认宁波为中国"海上茶路"启航地。

▲2006年4月25日，本会首次举办宁波茶艺大赛。参赛人数有

150余人，经中国国际茶文化研究副秘书长姚国坤、张莉颖等6位专家评选，评选出"茶美人""茶博士"。本会会长徐杏先、副会长兼秘书长殷志浩到会指导并颁奖。

2007年

▲2007年3月中旬，本会组织茶文化专家、考古专家和部分研究员审定了大岚姚江源头和茶山茶文化遗址的碑文。

▲2007年3月底，《宁波当代茶诗选》由人民日报出版社出版，宁波市委宣传部副部长、本会副会长王桂娣主编，中国国际茶文化研究会会长刘枫、宁波市政协原主席徐季子分别为该书作序。

▲2007年4月16日，本会会同宁波市林业局组织评选八大名茶。经过9名全国著名的茶叶评审专家评审，评出宁波八大名茶：望海茶、印雪白茶、奉化曲毫、三山玉叶、瀑布仙茗、望府茶、四明龙尖、天池翠。

▲2007年4月17日，宁波八大名茶颁奖仪式暨全国"春天送你一首诗"朗诵会在中山广场举行。宁波市委原书记叶承垣、市政协主席王卓辉、市人民政府副市长陈炳水，本会会长徐杏先，副会长柴利能、王桂娣，副会长兼秘书长殷志浩等领导出席，副市长陈炳水讲话。

▲2007年4月22日，宁波市人民政府落款大岚茶事碑揭碑。宁波市副市长陈炳水、本会会长徐杏先为茶事碑揭碑，参加揭碑仪式的领导还有宁波市政府副秘书长柴利能、本会副会长兼秘书长殷志浩等。

▲2007年9月，《宁波八大名茶》一书由人民日报出版社出版。由宁波市林业局局长、本会副会长胡剑辉任主编。

▲2007年10月，《宁波茶文化珍藏邮册》问世，本书以记叙当地八大名茶为主体，并配有宁波茶文化书画院书法家、画家、摄影家创作的作品。

▲2007年12月18日，余姚茶文化促进会成立。本会会长徐杏先，

本会副会长、宁波市人民政府副秘书长柴利能，本会副会长兼秘书长殷志浩到会祝贺。

▲2007年12月22日，宁波茶文化促进会二届一次会员大会在宁波饭店举行。中国国际茶文化研究会副会长宋少祥、宁波市人大常委会副主任郑杰民、宁波市副市长陈炳水等领导到会祝贺。第一届茶促会会长徐杏先继续当选为会长。

2008年

▲2008年4月24日，第四届中国·宁波国际茶文化节暨第三届浙江绿茶博览会开幕。参加开幕式的有全国政协文史委原副主任、浙江省政协原主席、中国国际茶文化研究会会长刘枫，浙江省人大常委会副主任程渭山，浙江省人民政府副省长茅临生，浙江省政协原副主席、本会名誉会长张蔚文，本市有王卓辉、叶承垣、郭正伟、陈炳水、徐杏先等领导参加。

▲2008年4月24日，由本会承办的第四届"中绿杯"全国名优绿茶评比在甬举行。全国各地送达参赛茶样314个，经9名专家认真细致、公平公正的评审，评选出金奖70个，银奖71个，优质奖51个。

▲2008年4月25日，宁波东亚茶文化研究中心在甬成立，并举行东亚茶文化研究中心授牌仪式，浙江省领导张蔚文、杨招棣和宁波市领导陈炳水、宋伟、徐杏先、王桂娣、胡剑辉、殷志浩等参加。张蔚文向东亚茶文化研究中心主任徐杏先授牌。研究中心聘请国内外著名茶文化专家、学者姚国坤教授等为东亚茶文化研究中心研究员，日本茶道协会会长仓泽行洋博士等为东亚茶文化研究中心荣誉研究员。

▲2008年4月，宁波市人民政府在宁海县建立茶山茶事碑。宁波市政府副市长、本会名誉会长陈炳水，会长徐杏先和宁波市林业局局长胡剑辉，本会副会长兼秘书长殷志浩等领导参加了宁海茶山茶事碑落成仪式。

2009年

▲ 2009年3月14日—4月10日，由本会和宁波市教育局联合主办，组织培训少儿茶艺实验学校教师，由宁波市劳动和社会保障局劳动技能培训中心组织实施。参加培训的31名教师，认真学习《国家职业资格培训》教材，经理论和实践考试，获得国家五级茶艺师职称证书。

▲ 2009年5月20日，瀑布仙茗古茶树碑亭建立。碑亭建立在四明山瀑布泉岭古茶树保护区，由宁波市人民政府落款，并举行了隆重的建碑落成仪式，宁波市人民政府副市长、本会名誉会长陈炳水，本会会长徐杏先为茶树碑揭碑，本会副会长周信浩主持揭碑仪式。

▲ 2009年5月21日，本会举办宁波东亚茶文化海上茶路研讨会，参加会议的领导有宁波市副市长陈炳水，本会会长徐杏先，副会长柴利能、殷志浩等。日本、韩国、马来西亚以及港澳地区的茶界人士及内地著名茶文化专家100余人参加会议。

▲ 2009年5月21日，海上茶路纪事碑落成。本会会同宁波市城建、海曙区政府，在三江口古码头遗址时代广场落成海上茶路纪事碑，并举行隆重的揭碑仪式。中国国际茶文化研究会顾问杨招棣，宁波市政协原主席、本会名誉会长叶承垣，宁波市人民政府副市长、本会名誉会长陈炳水，本会会长徐杏先，宁波市政协副主席、本会顾问常敏毅等领导及各界代表人士和外国友人到场，祝贺宁波海上茶路纪事碑落成。

2010年

▲ 2010年1月8日，由中国国际茶文化研究会、中国茶叶学会、宁波茶文化促进会和余姚市人民政府主办，余姚茶文化促进会承办的中国茶文化之乡授牌仪式暨瀑布仙茗·河姆渡论坛在余姚召开。本会

会长徐杏先、副会长周信浩、副会长兼秘书长殷志浩等领导出席会议。

▲2010年4月20日，本会组编的《千字文印谱》正式出版。该印谱汇集了当代印坛大家韩天衡、李刚田、高式熊等为代表的61位著名篆刻家篆刻101方作品，填补印坛空白，并将成为留给后人的一份珍贵的艺术遗产。

▲2010年4月24日，本会组编的《宁波茶文化书画院成立六周年画师作品集》出版。

▲2010年4月24日，由中国茶叶流通协会、中国国际茶文化研究会、中国茶叶学会三家全国性行业团体和浙江省农业厅、宁波市人民政府共同主办的"第五届·中国宁波国际茶文化节暨第五届世界禅茶文化交流会"在宁波拉开帷幕。出席开幕式的领导有全国政协原副主席胡启立，浙江省人大常委会副主任程渭山，中国国际茶文化研究会常务副会长徐鸿道，中国茶叶流通协会常务副会长王庆，浙江省农业厅副厅长朱志泉，中国茶叶学会副会长江用文，中国国际茶文化研究会副会长沈才土，宁波市委书记巴音朝鲁，宁波市长毛光烈，宁波市政协主席王卓辉，本会会长徐杏先等。会议由宁波市副市长、本会名誉会长陈炳水主持。

▲2010年4月24日，第五届"中绿杯"评比在宁波举行。这是我国绿茶领域内最高级别和权威的评比活动。来自浙江、湖北、河南、安徽、贵州、四川、广西、云南、福建及北京等十余个省（市）271个参赛茶样，经农业部有关部门资深专家评审，评选出金奖50个，银奖50个，优秀奖60个。

▲2010年4月24日下午，第五届世界禅茶文化交流会暨"明州茶论·禅茶东传宁波缘"研讨会在东港喜来登大酒店召开。中国国际茶文化研究会常务副会长徐鸿道、副会长沈才土、秘书长詹泰安、高级顾问杨招棣，宁波市副市长陈炳水，本会会长徐杏先，宁波市政府副秘书长陈少春，本会副会长王桂娣、殷志浩等领导，及浙江省各地（市）茶文化研究会会长兼秘书长，国内外专家学者200多人参加会议。

会后在七塔寺建立了世界禅茶文化会纪念碑。

▲2010年4月24日晚，在七塔寺举行海上"禅茶乐"晚会，海上"禅茶乐"晚会邀请中国台湾佛光大学林谷芳教授参与策划，由本会副会长、七塔寺可祥大和尚主持。著名篆刻艺术家高式熊先生，本会会长徐杏先，宁波市政府副秘书长、本会副会长陈少春，副会长兼秘书长殷志浩等参加。

▲2010年4月24日晚，周大风所作的《宁波茶歌》亮相第五届宁波国际茶文化节招待晚会。

▲2010年4月26日，宁波市第三届茶艺大赛在宁波电视台揭晓。大赛于25日在宁波国际会展中心拉开帷幕，26日晚上在宁波电视台演播大厅进行决赛及颁奖典礼，参加颁奖典礼的领导有：宁波市委副书记陈新，宁波市副市长陈炳水，本会会长徐杏先，宁波市副秘书长陈少春，本会副会长殷志浩，宁波市林业局党委副书记、副局长汤社平等。

▲2010年4月，《宁波茶文化之最》出版。本书由陈炳水副市长作序。

▲2010年7月10日，本会为发扬传统文化，促进社会和谐，策划制作《道德经选句印谱》。邀请著名篆刻艺术家韩天衡、高式熊、刘一闻、徐云叔、童衍方、李刚田、茅大容、马士达、余正、张耕源、黄淳、祝遂之、孙慰祖及西泠印社社员或中国篆刻家协会会员，篆刻创作道德经印章80方，并印刷出版。

▲2010年11月18日，由本会和宁波市老干部局联合主办"茶与健康"报告会，姚国坤教授作"茶与健康"专题讲座。本会名誉会长叶承垣，本会会长徐杏先，副会长兼秘书长殷志浩及市老干部100多人在老年大学报告厅聆听讲座。

2011年

▲2011年3月23日，宁波市明州仙茗茶叶合作社成立。宁波市副

市长徐明夫向明州仙茗茶叶合作社林伟平理事长授牌。本会会长徐杏先参加会议。

▲2011年3月29日，宁海县茶文化促进会成立。本会会长徐杏先、副会长兼秘书长殷志浩等领导到会祝贺。宁海政协原主席杨加和当选会长。

▲2011年3月，余姚市茶文化促进会梁弄分会成立。浙江省首个乡镇级茶文化组织成立。本会副会长兼秘书长殷志浩到会祝贺。

▲2011年4月21日，由宁波茶文化促进会、东亚茶文化研究中心主办的2011中国宁波"茶与健康"研讨会召开。中国国际茶文化研究会常务副会长徐鸿道，宁波市副市长、本会名誉会长徐明夫，本会会长徐杏先，宁波市委宣传部副部长、副会长王桂娣，本会副会长殷志浩、周信浩及150多位海内外专家学者参加。并印刷出版《科学饮茶益身心》论文集。

▲2011年4月29日，奉化茶文化促进会成立。宁波茶文化促进会发去贺信，本会会长徐杏先到会并讲话、副会长兼秘书长殷志浩等领导参加。奉化人大原主任何康根当选首任会长。

2012年

▲2012年5月4日，象山茶文化促进会成立。本会发去贺信，本会会长徐杏先到会并讲话，副会长兼秘书长殷志浩等领导到会。象山人大常委会主任金红旗当选为首任会长。

▲2012年5月10日，第六届"中绿杯"中国名优绿茶评比结果揭晓，全国各省、市250多个茶样，经中国茶叶流通协会、中国国际茶文化研究会等机构的10位权威专家评审，最后评选出50个金奖，30个银奖。

▲2012年5月11日，第六届中国·宁波国际茶文化节隆重开幕。中国国际茶文化研究会会长周国富、常务副会长徐鸿道，中国茶叶流

通协会常务副会长王庆，中国茶叶学会理事长杨亚军，宁波市委副书记王勇，宁波市人大常委会原副主任、本会名誉会长郑杰民，本会会长徐杏先出席开幕式。

▲2012年5月11日，首届明州茶论研讨会在宁波南苑饭店国际会议中心举行，以"茶产业品牌整合与品牌文化"为主题，研讨会由宁波茶文化促进会、宁波东亚茶文化研究中心主办。中国国际茶文化研究会常务副会长徐鸿道出席会议并作重要讲话。宁波市副市长马卫光，本会会长徐杏先，宁波市林业局局长黄辉，本会副会长兼秘书长殷志浩，以及姚国坤、程启坤，日本中国茶学会会长小泊重洋，浙江大学茶学系博士生导师王岳飞教授等出席会议。

▲2012年10月29日，慈溪市茶业文化促进会成立。本会会长徐杏先、副会长兼秘书长殷志浩等领导参加，并向大会发去贺信，徐杏先会长在大会上作了讲话。黄建钧当选为首任会长。

▲2012年10月30日，北仑茶文化促进会成立。本会向大会发去贺信，本会会长徐杏先出席会议并作重要讲话。北仑区政协原主席汪友诚当选会长。

▲2012年12月18日，召开宁波茶文化促进会第三届会员大会。中国国际茶文化研究会常务副会长徐鸿道，秘书长詹泰安，宁波市政协主席王卓辉，宁波市政协原主席叶承垣，宁波市人大常委会副主任宋伟、胡谟敦，宁波市人大常委会原副主任郑杰民、郭正伟，宁波市政协原副主席常敏毅，宁波市副市长马卫光等领导参加。宁波市政府副秘书长陈少春主持会议，本会副会长兼秘书长殷志浩作二届工作报告，本会会长徐杏先作临别发言，新任会长郭正伟作任职报告，并选举产生第三届理事、常务理事，选举郭正伟为第三届会长，胡剑辉兼任秘书长。

2013年

▲2013年4月23日，本会举办"海上茶路·甬为茶港"研讨会，

中国国际茶文化研究会周国富会长、宁波市副市长马卫光出席会议并在会上作了重要讲话。通过了《"海上茶路·甬为茶港"研讨会共识》，进一步确认了宁波"海上茶路"启航地的地位，提出了"甬为茶港"的新思路。本会会长郭正伟、名誉会长徐杏先、副会长兼秘书长胡剑辉参加会议。

▲2013年4月，宁波茶文化博物院进行新一轮招标。宁波茶文化博物院自2004年建立以来，为宣传、展示宁波茶文化发展起到了一定的作用。鉴于原承包人承包期已满，为更好地发挥茶博院展览、展示，弘扬宣传茶文化的功能，本会提出新的目标和要求，邀请中国国际茶文化研究会姚国坤教授、中国茶叶博物馆馆长王建荣等5位省市著名茶文化和博物馆专家，通过竞标，落实了新一轮承包者，由宁波和记生张生茶具有限公司管理经营。本会副会长兼秘书长胡剑辉主持本次招标会议。

2014年

▲2014年4月24日，完成拍摄《茶韵宁波》电视专题片。本会会同宁波市林业局组织摄制电视专题片《茶韵宁波》，该电视专题片时长20分钟，对历史悠久、内涵丰厚的宁波茶历史以及当代茶产业、茶文化亮点作了全面介绍。

▲2014年5月9日，第七届中国·宁波国际茶文化节开幕。浙江省人大常委会副主任程渭山，中国国际茶文化研究会常务副会长徐鸿道，中国茶叶流通协会常务副会长王庆，中国农科院茶叶研究所所长、中国茶叶学会名誉理事长杨亚军，浙江省农业厅总农艺师王建跃，浙江省林业厅总工程师蓝晓光，宁波市委副书记余红艺，宁波市人大常委会副主任、本会名誉会长胡谟敦，宁波市副市长、本会名誉会长林静国，本会会长郭正伟，本会名誉会长徐杏先，副会长兼秘书长胡剑辉等领导出席开幕式，开幕式由宁波市副市长林静国主持，宁波市委

副书记余红艺致欢迎词。最后由程渭山副主任和五大主办单位领导共同按动开幕式启动球。

▲2014年5月9日，第三届"明州茶论"——茶产业转型升级与科技兴茶研讨会，在宁波国际会展中心会议室召开。研讨会由浙江大学茶学系、宁波茶文化促进会、东亚茶文化研究会联合主办，宁波市林业局局长黄辉主持。中国国际茶文化研究会常务副会长徐鸿道，中国茶叶流通协会常务副会长王庆，宁波市副市长林静国等领导出席研讨会。本会会长郭正伟、名誉会长徐杏先、副会长兼秘书长胡剑辉等领导参加。

▲2014年5月9日，宁波茶文化博物院举行开院仪式。浙江省人大常委会副主任程渭山，中国国际茶文化研究会副会长徐鸿道，中国茶叶流通协会常务副会长王庆，本会名誉会长、人大常委会副主任胡谟敦，本会会长郭正伟，名誉会长徐杏先，宁波市政协副主席郑瑜，本会副会长兼秘书长胡剑辉等领导以及兄弟市茶文化研究会领导、海内外茶文化专家、学者200多人参加了开院仪式。

▲2014年5月9日，举行"中绿杯"全国名优绿茶评比，共收到茶样382个，为历届最多。本会工作人员认真、仔细接收封样，为评比的公平、公正性提供了保障。共评选出金奖77个，银奖78个。

▲2014年5月9日晚，本会与宁海茶文化促进会、宁海广德寺联合举办"禅·茶·乐"晚会。本会会长郭正伟、名誉会长徐杏先、副会长兼秘书长胡剑辉等领导出席禅茶乐晚会，海内外嘉宾、有关领导共100余人出席晚会。

▲2014年5月11日上午，由本会和宁波月湖香庄文化发展有限公司联合创办的宁波市篆刻艺术馆隆重举行开馆。参加开馆仪式的领导有：中国国际茶文化研究会会长周国富、秘书长王小玲，宁波市政协副主席陈炳水，本会会长郭正伟、名誉会长徐杏先、顾问王桂娣等领导。开馆仪式由市政府副秘书长陈少春主持。著名篆刻、书画、艺术家韩天衡、高式熊、徐云叔、张耕源、周律之、蔡毅等，以及篆刻、

书画爱好者200多人参加开馆仪式。

▲2014年11月25日，宁波市茶文化工作会议在余姚召开。本会会长郭正伟、名誉会长徐杏先、副会长兼秘书长胡剑辉、副秘书长汤社平以及余姚、慈溪、奉化、宁海、象山、北仑县（市）区茶文化促进会会长、秘书长出席会议。会议由汤社平副秘书长主持，副会长胡剑辉讲话。

▲2014年12月18日，茶文化进学校经验交流会在茶文化博物院召开。本会会长郭正伟、名誉会长徐杏先、副会长兼秘书长胡剑辉、宁波市教育局德育宣传处处长佘志诚等领导参加，本会副会长兼秘书长胡剑辉主持会议。

2015年

▲2015年1月21日，宁波市教育局职成教教研室和本会联合主办的宁波市茶文化进中职学校研讨会在茶文化博物院召开，本会会长郭正伟、名誉会长徐杏先、副会长兼秘书长胡剑辉、宁波市教育局职成教研室书记吕冲定等领导参加，全市14所中等职业学校的领导和老师出席本次会议。

▲2015年4月，本会特邀西泠印社社员、本市著名篆刻家包根满篆刻80方易经选句印章，由本会组编，宁波市政府副市长林静国为该书作序，著名篆刻家韩天衡题签，由西泠印社出版印刷《易经印谱》。

▲2015年5月8日，由本会和东亚茶文化研究中心主办的越窑青瓷与玉成窑研讨会在茶文化博物院举办。中国国际茶文化研究会会长周国富出席研讨会并发表重要讲话，宁波市副市长林静国到会致辞，宁波市政府副秘书长金伟平主持。本会会长郭正伟、名誉会长徐杏先、副会长兼秘书长胡剑辉等领导出席研讨会。

▲2015年6月，由市林业局和本会联合主办的第二届"明州仙茗杯"红茶类名优茶评比揭晓。评审期间，本会会长郭正伟、名誉会长

徐杏先、副会长兼秘书长胡剑辉专程看望评审专家。

▲2015年6月，余姚河姆渡文化田螺山遗址山茶属植物遗存研究成果发布会在杭州召开，本会名誉会长徐杏先、副会长兼秘书长胡剑辉等领导出席。该遗存被与会考古学家、茶文化专家、茶学专家认定为距今6 000年左右人工种植茶树的遗存，将人工茶树栽培史提前了3 000年左右。

▲2015年6月18日，在浙江省茶文化研究会第三次代表大会上，本会会长郭正伟，副会长胡剑辉、叶沛芳等，分别当选为常务理事和理事。

2016年

▲2016年4月3日，本会邀请浙江省书法家协会篆刻创作委员会的委员及部分西泠印社社员，以历代咏茶诗词，茶联佳句为主要内容篆刻创作98方作品，编入《历代咏茶佳句印谱》，并印刷出版。

▲2016年4月30日，由本会和宁海县茶文化促进会联合主办的第六届宁波茶艺大赛在宁海举行。宁波市副市长林静国，本会郭正伟、徐杏先、胡剑辉、汤社平等参加颁奖典礼。

▲2016年5月3—4日，举办第八届"中绿杯"中国名优绿茶评比，共收到来自全国18个省、市的374个茶样，经全国行业权威单位选派的10位资深茶叶审评专家评选出74个金奖，109个银奖。

▲2016年5月7日，举行第八届中国·宁波国际茶文化节启动仪式，出席启动仪式的领导有：全国人大常委会第九届、第十届副委员长、中国文化院院长许嘉璐，浙江省第十届政协主席、全国政协文史与学习委员会副主任、中国国际茶文化研究会会长周国富，宁波市委副书记、代市长唐一军，宁波市人大常委会副主任王建康，宁波市副市长林静国，宁波市政协副主席陈炳水，宁波市政府秘书长王建社，本会会长郭正伟、创会会长徐杏先、副会长兼秘书长胡剑辉等参加。

▲2016年5月8日，茶博会开幕，参加开幕式的领导有：中国国际茶文化研究会会长周国富、本会会长郭正伟、创会会长徐杏先、顾问王桂娣、副会长兼秘书长胡剑辉及各（地）市茶文化研究（促进）会会长等，展会期间96岁的宁波籍著名篆刻书法家高式熊先生到茶博会展位上签名赠书，其正楷手书《陆羽茶经小楷》首发，在博览会上受到领导和市民热捧。

▲2016年5月8日，举行由本会和宁波市台办承办全国性茶文化重要学术会议茶文化高峰论坛。论坛由中国文化院、中国国际茶文化研究会、宁波市人民政府等六家单位主办，全国人大常委会第九届、第十届副委员长、中国文化院院长许嘉璐，中国国际茶文化研究会会长周国富参加了茶文化高峰论坛，并分别发表了重要讲话。宁波市人大常委会副主任王建康、副市长林静国，本会会长郭正伟、创会会长徐杏先、副会长兼秘书长胡剑辉等领导参与论坛，参加高峰论坛的有来自全国各地，包括港、澳、台地区的茶文化专家学者，浙江省各地（市）茶文化研究（促进）会会长、秘书长等近200人，书面和口头交流的学术论文31篇，集中反映了茶和茶文化作为中华优秀传统文化的组成部分和重要载体，讲好当代中国茶文化的故事，有利于助推"一带一路"建设。

▲2016年5月9日，本会副会长兼秘书长胡剑辉和南投县商业总会代表签订了茶文化交流合作协议。

▲2016年5月9日下午，宁波茶文化博物院举行"清茗雅集"活动。全国人大常委会第九届、第十届副委员长、中国文化院院长许嘉璐，著名篆刻家高式熊等一批著名人士亲临现场，本会会长郭正伟、创会会长徐杏先、副会长兼秘书长胡剑辉、顾问王桂娣等领导参加雅集活动。雅集以展示茶席艺术和交流品茗文化为主题。

2017年

▲2017年4月2日，本会邀请由著名篆刻家、西泠印社名誉副社

长高式熊先生领衔，西泠印社副社长童衍方，集众多篆刻精英于一体创作而成52方名茶篆刻印章，本会主编出版《中国名茶印谱》。

▲2017年5月17日，本会会长郭正伟、创会会长徐杏先、副会长兼秘书长胡剑辉等领导参加由中国国际茶文化研究会、浙江省农业厅等单位主办的首届中国国际茶叶博览会并出席中国当代文化发展论坛。

▲2017年5月26日，明州茶论影响中国茶文化史之宁波茶事国际学术研讨会召开。中国国际茶文化研究会会长周国富出席并作重要讲话，秘书长王小玲、学术研究会主任姚国坤教授等领导及浙江省各地（市）茶文化研究会会长、秘书长，国内外专家学者参加会议。宁波市副市长卞吉安，本会名誉会长、人大常委会副主任胡谟敦，本会会长郭正伟，创会会长徐杏先，副会长兼秘书长胡剑辉等领导出席会议。

2018年

▲2018年3月20日，宁波茶文化书画院举行换届会议，陈亚非当选新一届院长，贺圣思、叶文夫、戚颢担任副院长，聘请陈启元为名誉院长，聘请王利华、何业琦、沈元发、陈承豹、周律之、曹厚德、蔡毅为顾问，秘书长由麻广灵担任。本会创会会长徐杏先，副会长兼秘书长胡剑辉，副会长汤社平等出席会议。

▲2018年5月3日，第九届"中绿杯"中国名优绿茶评比结果揭晓。共收到来自全国17个省（市）茶叶主产地的337个名优绿茶有效样品参评，经中国茶叶流通协会、中国国际茶文化研究会等机构的10位权威专家评审，最后评选出62个金奖，89个银奖。

▲2018年5月3日晚，本会与宁波市林业局等单位主办，宁波市江北区人民政府、市民宗局承办"禅茶乐"茶会在宝庆寺举行，本会会长郭正伟、副会长汤社平等领导参加，有国内外嘉宾100多人参与。

▲2018年5月4日，明州茶论新时代宁波茶文化传承与创新国际学术研讨会召开。出席研讨会的有中国国际茶文化研究会会长周国富、

秘书长王小玲，宁波市副市长卞吉安，本会会长郭正伟、创会会长徐杏先以及胡剑辉等领导，全国茶界著名专家学者，还有来自日本、韩国、澳大利亚、马来西亚、新加坡等专家嘉宾，大家围绕宁波茶人茶事、海上茶路贸易、茶旅融洽、茶商商业运作、学校茶文化基地建设等，多维度探讨习近平新时代中国特色社会主义思想体系中茶文化的传承和创新之道。中国国际茶文化研究会会长周国富作了重要讲话。

▲2018年5月4日晚，本会与宁波市文联、市作协联合主办"春天送你一首诗"诗歌朗诵会，本会会长郭正伟、创会会长徐杏先、副会长兼秘书长胡剑辉等领导参加。

▲2018年12月12日，由姚国坤教授建议本会编写《宁波茶文化史》，本会创会会长徐杏先、副会长兼秘书长胡剑辉、副会长汤社平等，前往杭州会同姚国坤教授、国际茶文化研究会副秘书长王祖文等人研究商量编写《宁波茶文化史》方案。

2019年

▲2019年3月13日，《宁波茶通典》编撰会议。本会与宁波东亚茶文化研究中心组织9位作者，研究落实编撰《宁波茶通典》丛书方案，丛书分为《茶史典》《茶路典》《茶业典》《茶人物典》《茶书典》《茶诗典》《茶俗典》《茶器典·越窑青瓷》《茶器典·玉成窑》九种分典。该丛书于年初启动，3月13日通过提纲评审。中国国际茶文化研究会学术委员会副主任姚国坤教授、副秘书长王祖文，本会创会会长徐杏先、副会长胡剑辉、汤社平等参加会议。

▲2019年5月5日，本会与宁波东亚茶文化研究中心联合主办"茶庄园""茶旅游"暨宁波茶史茶事研讨会召开。中国国际茶文化研究会常务副会长孙忠焕、秘书长王小玲、学术委员会副主任姚国坤、办公室主任戴学林，浙江省农业农村厅副巡视员吴金良，浙江省茶叶集团股份有限公司董事长毛立民，中国茶叶流通协会副会长姚静波，

宁波市副市长卞吉安、宁波市人大原副主任胡谟敦、本会会长郭正伟、创会会长徐杏先、宁波市农业农村局局长李强、本会副会长兼秘书长胡剑辉、副会长汤社平等领导，以及来自日本、韩国、澳大利亚及我国香港地区的嘉宾，宁波各县（市）区茶文化促进会领导、宁波重点茶企负责人等200余人参加。宁波市副市长卞吉安到会讲话，中国茶叶流通协会副会长姚静波、宁波市文化广电旅游局局长张爱琴，作了《弘扬茶文化　发展茶旅游》等主题演讲。浙江茶叶集团董事长毛立民等9位嘉宾，分别在研讨会上作交流发言，并出版《"茶庄园""茶旅游"暨宁波茶史茶事研讨会文集》，收录43位专家、学者44篇论文，共23万字。

▲2019年5月7日，宁波市海曙区茶文化促进会成立。本会会长郭正伟、创会会长徐杏先、副会长兼秘书长胡剑辉、副会长汤社平到会祝贺。宁波市海曙区政协副主席刘良飞当选会长。

▲2019年7月6日，由中共宁波市委组织部、市人力资源和社会保障局、市教育局主办、本会及浙江商业技师学院共同承办的"嵩江茶城杯"2019年宁波市"技能之星"茶艺项目职业技能竞赛，取得圆满成功。通过初赛，决赛以"明州茶事·千年之约"为主题，本会创会会长徐杏先、副会长兼秘书长胡剑辉、副会长汤社平等领导出席决赛颁奖典礼。

▲2019年9月21—27日，由本会副会长胡剑辉带领各县（市）区茶文化促进会会长、秘书长和茶企、茶馆代表一行10人，赴云南省西双版纳、昆明、四川成都等重点茶企业学习取经、考察调研。

2020年

▲2020年5月21日，多种形式庆祝"5·21国际茶日"活动。本会和各县（市）区茶促会以及重点茶企业，在办公住所以及主要街道挂出了庆祝标语，让广大市民了解"国际茶日"。本会还向各县（市）

区茶促会赠送了多种茶文化书籍。本会创会会长徐杏先、副会长兼秘书长胡剑辉参加了海曙区茶促会主办的"5·21国际茶日"庆祝活动。

▲2020年7月2日，第十届"中绿杯"中国名优绿茶评比，在京、甬两地同时设置评茶现场，以远程互动方式进行，两地专家全程采取实时连线的方式。经两地专家认真评选，结果于7月7日揭晓，共评选出特金奖83个，金奖121个，银奖15个。本会会长郭正伟、创会会长徐杏先、副会长兼秘书长胡剑辉参加了本次活动。

2021年

▲2021年5月18日，宁波茶文化促进会、海曙茶文化促进会等单位联合主办第二届"5·21国际茶日"座谈会暨月湖茶市集活动。参加活动的领导有本会会长郭正伟、创会会长徐杏先、副会长兼秘书长胡剑辉及各县（市）区茶文化促进会会长、秘书长等。

▲2021年5月29日，"明州茶论·茶与人类美好生活"研讨会召开。出席研讨会的领导和嘉宾有：中国工程院院士陈宗懋，中国国际茶文化研究会副会长沈立江、秘书长王小玲、办公室主任戴学林、学术委员会副主任姚国坤，浙江省茶叶集团股份有限公司董事长毛立民，浙江大学茶叶研究所所长、全国首席科学传播茶学专家王岳飞，江西省社会科学院历史研究所所长、《农业考古》主编施由明等，本会会长郭正伟、创会会长徐杏先、名誉会长胡谟敦，宁波市农业农村局局长李强，本会副会长兼秘书长胡剑辉等领导及专家学者100余位。会上，为本会高级顾问姚国坤教授颁发了终身成就奖。并表彰了宁波茶文化优秀会员、先进企业。

▲2021年6月9日，宁波市鄞州区茶文化促进会成立，本会会长郭正伟出席会议并讲话、创会会长徐杏先到会并授牌、副会长兼秘书长胡剑辉等领导到会祝贺。

▲2021年9月15日，由宁波市农业农村局和本会主办的宁波市第

五届红茶产品质量推选评比活动揭晓。通过全国各地茶叶评审专家评审，推选出10个金奖，20个银奖。本会会长郭正伟、创会会长徐杏先、副会长兼秘书长胡剑辉到评审现场看望评审专家。

▲2021年10月25日，由宁波市农业农村局主办，宁波市海曙区茶文化促进会承办，天茂36茶院协办的第三届甬城民间斗茶大赛在位于海曙区的天茂36茶院举行。本会创会会长徐杏先，本会副会长刘良飞等领导出席。

▲2021年12月22日，本会举行会长会议，首次以线上形式召开，参加会议的有本会正、副会长及各县（市）区茶文化促进会会长、秘书长，会议有本会副会长兼秘书长胡剑辉主持，郭正伟会长作本会工作报告并讲话；各县（市）区茶文化促进会会长作了年度工作交流。

▲2021年12月26日下午，中国国际茶文化研究会召开第六次会员代表大会暨六届一次理事会议以通信（含书面）方式召开。我会副会长兼秘书长胡剑辉参加会议，并当选为新一届理事；本会创会会长徐杏先、本会常务理事林宇晧、本会副秘书长竺济法聘请为中国国际茶文化研究会第四届学术委员会委员。

（周海珍　整理）

图书在版编目（CIP）数据

茶书典 / 宁波茶文化促进会组编；杨燚锋，竺济法
编著. —北京：中国农业出版社，2023.9
（宁波茶通典）
ISBN 978-7-109-31215-9

Ⅰ.①茶… Ⅱ.①宁… ②杨… ③竺… Ⅲ.①茶文化
—文化史—宁波 Ⅳ.①TS971.21

中国国家版本馆CIP数据核字（2023）第194502号

茶书典
CHASHU DIAN

中国农业出版社出版
地址：北京市朝阳区麦子店街18号楼
邮编：100125
特约专家：穆祥桐　责任编辑：姚　佳
责任校对：吴丽婷
印刷：北京中科印刷有限公司
版次：2023年9月第1版
印次：2023年9月北京第1次印刷
发行：新华书店北京发行所
开本：700mm×1000mm　1/16
印张：12.25
字数：165千字
定价：88.00元